包装设计

第三版

□ 主　编　陈玲　姚田
□ 副主编　熊鑫　宋歌　谭小贝　王玲

十四五

华中艺术

高等院校艺术学门类
"十四五"规划教材

A R T　D E S I G N

华中科技大学出版社
http://www.hustp.com
中国·武汉

内 容 简 介

当代包装设计专业的学生和从事相关工作的人员不仅要对包装结构设计和视觉传达设计了如指掌，而且要熟悉营销学、品牌学、社会学、心理学、传播学、国际贸易和信息技术科学等相关知识，这样才能够适应激烈的市场竞争，才能够应对今后复杂的设计工作环境。

本书内容丰富，选材广泛，涉及包装设计领域的方方面面。书中附有大量经典设计作品的图片，以及教学实践过程中学生优秀的习作图片。本书图文并茂，讲解深入浅出，通俗易懂，具有一定的理论性和知识性。

本书编者均为高校多年从事立体构成教育的教师，他们对包装设计教学有着较丰富的经验和较深刻的体会。本书可以作为艺术设计院校或设计专业本科、专科的包装设计教材，也可以作为从事包装工程、装饰设计、视觉传达设计、展示设计等相关工作人员的学习参考书，亦可以作为对设计艺术感兴趣的读者自学参考的资料。

图书在版编目（CIP）数据

包装设计 / 陈玲，姚田主编 . —3 版 . —武汉：华中科技大学出版社，2020.5（2025.1 重印）
高等院校艺术学门类"十四五"规划教材
ISBN 978-7-5680-6244-2

Ⅰ . ①包… Ⅱ . ①陈… ②姚… Ⅲ . ①包装设计 – 高等学校 – 教材 Ⅳ . ① TB482

中国版本图书馆 CIP 数据核字 (2020) 第 083630 号

包装设计（第三版）

Baozhuang Sheji(Di-san Ban)

陈玲　姚田　主编

策划编辑：彭中军
责任编辑：史永霞
封面设计：优　优
责任监印：朱　玢
出版发行：华中科技大学出版社（中国·武汉）　　电话：（027）81321913
　　　　　武汉市东湖新技术开发区华工科技园　　邮编：430223
录　　排：华中科技大学惠友文印中心
印　　刷：武汉市洪林印务有限公司
开　　本：880 mm×1230 mm　1/16
印　　张：11
字　　数：380 千字
版　　次：2025 年 1 月第 3 版第 6 次印刷
定　　价：69.00 元

时代赋予设计丰富的内涵和深刻的意义。设计的目标是让我们的世界更合理，改变人类的生活方式，优化人类的生活环境，给予人类完美的境界。

在商品经济竞争激烈的今天，包装扮演着越来越重要的角色，它和商品已经成为不可分割的整体。包装除了具有保护商品、传递信息、宣传商品、促进销售、便于使用的功能外，还能为商品带来更多的附加值，同时也成为企业宣传和提升品牌的重要手段之一。

包装设计是一项系统工程，它逐渐呈现出跨学科、跨专业、跨文化的特性。包装设计是社会经济发展的一面镜子，能直接反映出社会经济水平、科技发展水平，以及人们的价值取向、消费观念和消费水平，也能及时反映出时代的精神风貌、文化内涵与美学风尚。

本书融入了新的设计理念和设计方法，使得包装设计的概念有了新的拓展，包装设计的语言也更加丰富。本书系统地阐述了包装设计的基本理论、包装设计的创意思维方法与包装设计元素的表现方式，尤其是在前瞻性方面进行了探索。新的设计理念，如绿色包装设计、简约化包装设计、人性化包装设计、互动式包装设计、概念与虚拟包装设计，正逐步被更多的现代人所认识和接受。本书在这些方面做了一些归纳总结，并加以探索性的研究分析。

本书在详细介绍包装设计的基本理论的同时，也非常重视设计学科相互影响的综合性。在编写原则上，本书符合高等艺术院校设计基础教育高起点的要求；在教材内容上，选材广泛，图文并茂。本书对于理解理论知识和进行实践操作有一定的参考性，有助于提高学生审美水平和培养学生将形象思维与逻辑思维、发散思维与聚合思维相结合，充分发挥设计想象力、创造力。本书论述翔实，结构严谨，语言流畅，将前沿性和实用性、学术性和操作性融为一体，理论联系实际，运用大量成功的实例相互印证，并有很多作者本人指导的学生的优秀作品，具有很强的原创性，对学生的学习有很好的参考价值。本书适合包装设计专业、视觉传达专业、平面设计专业的专科生、本科生，以及从事包装设计的人员学习与阅读。

书中少数作品的作者由于姓名或地址不详，无法与他们取得联系，在此表示歉意并致以谢意！由于时间较为仓促，本书难免有遗漏之处，在此敬请广大读者批评指正。另外，还要特别感谢华中科技大学出版社的编辑策划本套丛书，他们在本书的筹备和编辑过程中提供了非常宝贵的意见，并付出了艰辛的劳动。

编　者

2020 年 4 月

目录
Contents

第一章　包装设计概述 ………………………………………… 1

    第一节　包装的起源与发展沿革 ……………………………… 2

    第二节　现代包装理念的确立 ………………………………… 5

    第三节　包装设计的领域 ……………………………………… 9

    第四节　包装用语 …………………………………………… 14

第二章　纸盒包装结构设计 …………………………………… 19

    第一节　纸盒包装结构概述 …………………………………… 20

    第二节　纸盒包装设计的结构与形态分析 …………………… 25

    第三节　包装纸盒的分类及结构设计原理 …………………… 30

    第四节　纸盒包装结构形态的趣味性设计 …………………… 37

第三章　包装容器造型设计 …………………………………… 45

    第一节　不同材料的包装容器造型设计及特点 ……………… 46

    第二节　容器造型设计的原则 ………………………………… 59

    第三节　包装容器造型设计的程序与方法 …………………… 62

第四章　包装品牌塑造的设计元素 …………………………… 65

    第一节　包装设计元素——图形 …………………………… 66

    第二节　包装设计元素——文字 …………………………… 76

    第三节　包装设计元素——色彩 …………………………… 86

    第四节　包装设计元素——编排 …………………………… 89

第五章　包装品牌塑造表现方法 ……………………………… 95

    第一节　包装设计的战略定位 ………………………………… 96

    第二节　包装品牌系列化设计方法 ………………………… 105

    第三节　包装设计形式美法则 ……………………………… 110

第六章　包装设计的程序及印刷工艺流程 ………………… 115

    第一节　包装设计的程序方法 ……………………………… 116

    第二节　包装设计的创意思维 ……………………………… 117

    第三节　包装设计制作规范 ………………………………… 126

第四节　包装印刷方式、成本及报价知识 ………………………………………… 127

第五节　包装印刷后期装订方式和工艺 ………………………………………… 129

第七章　包装设计呈现的新趋势 …………………………………………… 135

第一节　绿色包装设计 …………………………………………………………… 136

第二节　简约化包装设计 ………………………………………………………… 142

第三节　人性化包装设计 ………………………………………………………… 146

第四节　交互式包装设计 ………………………………………………………… 150

第五节　概念包装设计 …………………………………………………………… 153

第六节　虚拟包装设计 …………………………………………………………… 158

附录 A　优秀学生案例赏析 ……………………………………………… 162

附录 B　未来 10 年包装的发展趋势 …………………………………… 167

参考文献 …………………………………………………………………… 170

BAOZHUANG SHEJI

第一章

包装设计概述

　　本章通过对包装的起源与发展沿革的讲述，旨在让学生了解包装的历史，理解和掌握现代包装理念、包装设计的领域及包装用语等要点。

　　［了解］包装的起源与发展沿革。

　　［理解］包装的发展及现代包装理念。

　　［掌握］包装设计的领域及包装用语等。

第一节　包装的起源与发展沿革

　　亚洲生产力组织，即APO（Asian Productivity Organization），针对包装工程训练宗旨，有一种观点："经由好的包装，带给全人类美好的生活"。从包装的发展沿革来看，这句话所包含的意义的确没有夸大其词。从古代社会到商品经济发达的今天，衣食住行、一事一物都会和包装产生或多或少的关系，甚至与某些领域密不可分，小到各种日化商品、食品，大到电器、家具、工业品，从生产到储运环节，再到销售环节，包装都起着非常重要的作用。在人类文明进化历程中，每一次社会变革、科技发明、生产力提高及人们生活方式的进步，都会对包装的功能和形态产生很大的影响。包装设计的发展与演变过程能够清晰地反映出人类文明进步的足迹。

一、原始包装

　　包装的起源可以追溯到远古。早在距今一万年左右的原始社会后期，随着生产的发展，有了剩余物品需贮存，于是人们在长期的生产生活中，运用智慧，因地制宜，从身边的自然环境中发现了许多天然的包装材料，如用葛藤捆扎猎获物，用植物的叶、贝壳、兽皮等包裹物品，用葫芦装药盛酒等，这是原始包装发展的"胚胎"。

随着时代的变迁，在生产劳动的过程中，使用天然的包装材料逐步演变到制造器皿，人们开始用植物纤维等制作最原始的篮、筐，用火煅烧石头，将泥土制成泥壶、泥碗和泥罐等，用来盛装和保存食物、饮料及其他物品，开启了早期的包装容器概念。包装容器用材的合理性和制作的巧妙充分体现了古人在包装中所追求的功能与形式的统一，对于我们今天的包装设计仍然具有很大的启迪和借鉴作用。当然，从现今对包装概念的理解来看，容器已经具备了包装的一些基本特征，比如保护和储运的功能，但它并不能称为真正意义上的包装。原始包装如图1-1至图1-4所示。

图1-1

图 1-2　　　　　　　　　　　　图 1-3　　　　　　　　　　　　图 1-4

二、近代包装

公元 105 年，蔡伦发明了造纸术，纸逐渐替代了以往成本昂贵的绢、锦等包装材料。从此，纸在商业活动中被大量运用到食品、药品、纺织品、染料、火药、盐等物品的包装中。另外，纸作为包装材料在不断改进，比如加染料制成有色包装纸，加蜡制成防油、防潮的包装纸等。公元 610 年，中国造纸术经高丽传至日本；12 世纪传入欧洲，阿拉伯人在西班牙建造了欧洲的第一个造纸厂。11 世纪中叶，中国毕昇发明了活字印刷术；15 世纪，欧洲开始出现了活版印刷，包装印刷及包装装潢业开始发展。16 世纪，欧洲陶瓷工业开始发展；美国建成了玻璃工厂，开始生产各种玻璃容器。至此，以陶瓷、玻璃、木材、金属等为主要材料的包装工业开始发展，近代传统包装开始向现代包装过渡。近代包装如图 1-5 至图 1-9 所示。

图 1-5　　　　　　　　　　　　　　　　　　　图 1-6

图 1-7　　　　　　　　　图 1-8　　　　　　　　　图 1-9

三、现代包装

包装真正的发展是在 18 世纪欧洲工业革命以后。随着人类科技的进步，生产技术得到大幅提高，那些在工业革命背景下产生的科学技术新成果被迅速、广泛地应用于工业生产中，机械化生产使商品成本大幅降低，并催生了大量的消费经济模式，商品由生产至销售的环节更加完善。同时，商品的流通手段也得到了很大的发展，远洋运输、铁路运输以至后来的公路、航空运输的发展使商品流通的范围迅速扩大。因此，在生产到销售的整个环节中，传递商品的储运包装随之兴起。

进入 19 世纪中末期，1856 年，英国的爱德华兄弟发明了瓦楞纸。瓦楞纸重量轻、成本低，具有良好的保护性和成形性，仓储运输成本很低。1890 年，瓦楞纸板制造机的发明带来了储运包装的新纪元。

进入 20 世纪，商品的种类随着人们日益提升的精神生活和物质生活而丰富起来，品类的增多使包装材料变得更加丰富和具体。科技的发展日新月异，新材料、新技术的不断出现（各种塑料、复合材料等包装材料被广泛应用，无菌包装、防震包装、防盗包装、保险包装、组合包装、复合包装等技术日益成熟）从多方面强化了包装的功能。随着商品消费形态的变化和卖方市场向买方市场的转变，商品的包装不仅仅应用在储运过程中，同时也转化为市场经济下商品销售的利器。

20 世纪中后期开始，国际贸易飞速发展，包装成为商品经济条件下被关注的焦点，大约 90% 的商品需经过不同程度、不同类型的包装，包装已成为商品生产和流通过程中不可或缺的重要环节。

21 世纪，随着世界经济的增长和高科技的发展，人们对包装有了更高的要求，并且随着环保理念的提升，世界各国都在加强研究、开发和选用新型包装材料和技术，同时也积极研究如何加强对其废弃物的处理措施和可持续发展的环保策略。

在 20 世纪中期，另一项关于包装的重要发展是出现了专门的包装组织机构，如 1930 年成立的美国包装学会，1968 年成立于日本东京的世界包装组织 WPO（World Packaging Organization），1966 年组建的亚洲包装联合会 APF（由亚洲五个国家即中国、印度、韩国、菲律宾和日本组成）。其中，美国包装学会在 1943 年设立了技术委员会，较早地确立了包装需要具备科学基础的概念。中国包装技术协会成立于 1980 年，2004 年 9 月正式更名为"中国包装联合会"。中国包装联合会下设 25 个专业委员会，在全国各省、自治区和直辖市均设有地方包装协会组织，拥有各级会员。

综上所述，包装随着时代的变迁、新技术的发明和应用，以及市场条件的变化，经历了从便捷储运到促进销售的变化和完善。包装设计的发展过程也反映出人类文明与科技的发展。

现代包装如图 1-10 至图 1-14 所示。

图 1-10

图 1-11

图 1-12

图 1-13

图 1-14

第二节　现代包装理念的确立

一、包装的概念

从广义的角度讲，一切事物的外部形式都是包装。就如陈磊在其所著的《走进包装设计的世界》一书中提到的木乃伊，利用药物及必要的"包装"（亚麻布条）来使物体保持长久的行为，也是包装功能的一种体现。

我国《包装术语　基础》（GB/T 4122.1—2008）中对包装下的定义是："为在流通过程中保护产品，方便储运，促进销售，按一定技术方法而采用的容器、材料及辅助物等的总体名称。也指为了达到上述目的而采用容器、材料和辅助物的过程中施加一定方法等的操作活动。"

从上述概念中我们不难看出，包装与商品之间是无法分离的，任何商品很难不经过包装就达到被消费的目

的。这首先是由商品本身的保护需求造成的，例如：在商品输送过程中产生的震动或外力冲击；在保管过程中所受到的压缩荷重；在不同环境因素下所受到的影响，如气候、微生物等。

上述概念同时强调，包装是连接生产和销售的纽带，是一种融合科学技术的行为。包装是在商品本身的保护需求的前提下所进行的缓冲设计、外装设计、防护设计及视觉设计过程，是一个完整的包装工程体系。包装设计如图1-15和图1-16所示。

| 图1-15 | 图1-16 |

二、包装设计理念革新的过程

包装的传统概念总会让人误解，认为包装是商品之外的一种附属品。当然，这种概念的确立过程和包装从古代的包装容器到近代的传统包装形式是分不开的。

在商业繁荣的今天，包装不再是商品外在的附属品，而是商品的一部分。这种关系的确立有以下几个原因。

（1）包装技术的高速发展。

（2）包装的加工技术随着产业化需求和科学技术的日益提高而发展起来，包装作业进入自动化，更准确、更适合的包装设计成为企业为销售商品所追求的目标。典型的包装设计如图1-17和图1-18所示。

| 图1-17 | 图1-18 |

（3）包装材料的推陈出新。在科技高度发达的今天，包装材料从天然材料到人工材料的发展，已经取得了质的变化，各种复合包装材料、软式包装材料、缓冲包装材料等新型材料的出现大大地促进了包装设计的发

展，使包装设计与商品之间、包装设计与包装功能之间的关系更加紧密。具有代表性的包装设计如图1-19所示。

图 1-19

（4）包装设计的新观念。传统的包装观念较为注重材料的研究，缺乏通过包装设计将生产和消费贯穿起来的思想；比较重视包装功能中的技术处理的部分，缺乏对包装设计中的艺术处理部分（即视觉设计）的重视。由于现今市场的竞争与日俱增，建立完善、合理的品质意识，追求从技术到艺术都能较全面地体现包装价值的设计，才是当今企业对商品进行包装设计的目标。只有这样，才能提升商品在市场营销中的竞争力。新观念的包装设计如图1-20和图1-21所示。

图 1-20

图 1-21

三、包装设计对树立现代企业形象的影响

1. 包装是商品向商品化迈进的必然步骤

（1）商品从原料加工所在的生产线走向市场，几乎所有的过程都难以脱离包装。在生产线环节，每一件商品及组成商品的细节，都要有与其相应的包装结构设计来配合，自动化包装系统也随之出现在生产线上。

（2）从生产线走向运输线，首先要完成"包装线"。这里所出现的"包装线"要完成两部分内容：一部分是在进入运输线之前，为避免运输过程中可能出现的问题所采取的保护包装，即由商品的保护需求所产生的包装；另一部分则是为商品商业化所进行的包装视觉设计，主要目的是提升商品价值，提高商品进入市场后的竞争力。包装设计实例如图 1-22 所示。

图 1-22

2. 包装对企业形象的影响

人们在购买商品时大概都有这样的经验：包装质地优良、视觉整洁、结构合理、密封效果好的商品，往往很容易获得认可，并因此而产生购买行为。所以，包装设计的品质会直接影响到消费者对品牌的印象。

包装对企业形象的影响具体表现在以下几个方面。

（1）在包装生产的过程中，新型材料和技术的运用可以起到节约生产成本、提高企业竞争力的作用。

（2）在商品储运的过程中，好的包装设计不仅可以降低搬运过程中的成本，还可以保证商品的品质，安全地把商品送到客户的手中，从而维护企业的信誉。

（3）优秀、整体的包装视觉设计（见图 1-23）是捕获消费者注意力、造成消费者对品牌认知的最好途径；同时，还可以提升商品的价值，对于企业形象（例如公司名称、品牌形象等）的推广有着较为重要的作用。

图 1-23

3. 正确的现代包装理念

在商品繁荣、市场竞争激烈的前提下，现代的包装设计不再是商品外在的附属品，而是商品本身的一部分，它是集现代科学技术和先进设计思想为一体的表现形式。

正确的现代包装理念在买方市场为主导的市场经济条件下，在注重传统包装所要求的基本功能之外，兼有刺激消费、促进商品行销的重要作用。在整个商品行销的过程中，优秀的包装设计、别具匠心的表现风格，可以增加消费者对品牌的信赖和对商品的购买欲望，创造合理化的利润。同时，还要注重环保理念的提升和可持续发展策略的制订。酒的包装设计如图 1-24 所示。

图 1-24

第三节　包装设计的领域

一、包装设计的领域

如果从商品生产到消费的环节来划分包装，包装设计的领域可以区分为两部分，一部分为工业包装，一部分为商业包装。

1. 工业包装

工业包装又被称为运输包装，它主要使用在商品的运输线上，是以保护商品为主要目的的包装形式。这一

类型的包装设计注重商品在搬运、陆运、海运及空运过程中的保护性，同时可以控制商品在流通过程中储运成品的合理化程度。一般所针对的对象包括商品原料、零配件、半成品及成品，基本采用外包（大包装）的形式。

例如，为人熟知的宜家家居，在工业包装设计上口碑极佳。因为其在销售方式上倡导消费者购物之后自己动手组装商品，所以大部分商品都以零配件的方式收纳在一个包装盒内，盒形设计简单便捷，并针对不同的组件加强了保护措施。

2. 商业包装

商业包装又被称为消费包装，它主要使用在商品的销售线上，以零售的商品为主要设计对象。在商业包装设计上着重考虑商品的行销，如何以合适的材质、独特新颖的外观设计引起消费者的关注并促成购买，是商业包装设计的目的。商业包装主要是以内包（个别包装或小包装）的形式存在的。

商业包装的范例举不胜举，在各大商场、超市随处可见。商业包装的设计及案例分析在后面的章节中会有较详细的分析。

二、不同领域的包装设计的特点

1. 工业包装

工业包装的主要功能是进行内容物的保护，使其在储运过程中避免各种可能产生的外力冲击或气候变化对商品的影响。工业类型的包装一般采用"单元化"的处理方法，将商品汇集成适合的某种规格（不同商品的规格有差异）来进行包装，例如集装箱。

工业包装的视觉设计处理得较为简单，主要依据商品的不同种类加以区分，色彩关系简洁，文字内容以说明性文字为主，如标注易碎、防潮、不可倒置、是否危险等。

（1）工业包装的设计需要注意以下几个问题。

① 由于商品的小包装在设计上形态各异，为了使商品在储运过程中处理起来较为方便，在设计工业包装时要注意选择容易处理的包装形式和尺寸，这样可以减少商品受损的可能性。

② 包装在商品的成本中占有较大的比例，过度包装容易使包装成本增加并影响到商品的后期行销，所以在工业包装的设计上，要根据不同种类商品的实际需求来进行合适的包装设计。

③ 考虑到运输过程中的安全问题，近年来，商品的工业包装采用了大量的发泡塑料用作缓冲材料或固定材料（为避免物品在箱体内晃动的固定措施），这些材料极难回收利用处理，大部分在商品销售过程中被废弃，造成环境污染。所以在工业包装设计上，应注意开发和运用可再生利用的材料。

工业包装设计如图 1-25 至图 1-27 所示。

| 图 1-25 | 图 1-26 | 图 1-27 |

（2）影响工业包装设计的两个因素。

① 商品的特性：商品是否易损、是否易变质、是否抗腐蚀、是否危险。

商品的工业包装要依据商品的特性进行对应的材质选择和特殊设计。

② 商品的形态：商品的形态分为液态、固态、颗粒状、粉状等。

商品的工业包装要依据商品的形态进行容器的选择和外观设计。

商品包装设计如图 1-28 和图 1-29 所示。

图 1-28

图 1-29

2. 商业包装

商业包装除了有商品的基本保护功能之外，更在商品的销售过程中起到提升商品的商业价值、促进行销的作用。

1）商业包装的结构设计

商业包装的结构设计将在后面的纸盒结构设计中进行详细的分析。在此我们只简单地分析一下它的设计切入点。

① 商业包装的结构设计应着重考虑材质的选择和加工方法，还要考虑到商品基本的保护需求和展示环境，即从商店陈列到家庭放置。

② 商业包装的结构设计应考虑到消费者使用的便利性，如携带方便、拆装便利、再利用的可能性等。

③ 商业包装的结构设计应考虑到如何通过包装的材质、造型的特色来提升商品的竞争力。

商业包装如图 1-30 至图 1-35 所示。

图 1-30

图 1-31

图 1-32

图 1-33　　　　　　　　　　　图 1-34　　　　　　　　　　图 1-35

2）商业包装的视觉设计

商业包装的视觉设计（见图 1-36 至图 1-38）是包含图像、文字、色彩的综合设计，这部分我们也将在后面的章节中进行详细的分析。在此我们只对视觉设计的决定因素进行简单分析。

① 消费群体：消费者的年龄、性别、文化层次、收入状况等。

② 市场条件：同类商品分析、文化背景、社会因素。

③ 陈列方式：货架式、柜台式、橱窗式。

④ 品牌诉求：商品标识、系列设计的统一性。

图 1-36

图 1-37　　　　　　　　　　　　　　　图 1-38

第四节　包 装 用 语

包装用语按照使用环境可以分为五大类。

一、包装的一般用语

（1）外包装：以运输物品为目的，考虑其保护及搬运作业，将物品装于箱内、袋内或捆包，并根据商品的需要施以固定、防湿、防水等技术。外包装通常需加封缄、标志等。

（2）内包装：将物品或个装以一个或两个以上的适当单位予以整理、包装或装于中间容器的状态，也可以是为保护物品或个装，在容器内部另外再加保护材料的技术及其实施状态。

（3）个装：送到消费者手中的最小包装单位。将物品的全部或一部分裹包，或装于袋内、容器内等，并予以封缄的技术或实施状态，同时可以作为传达商品标志或企业理念的媒介。

（4）工业包装：与商业包装相对的包装领域。以物品的运输或保管为主要目的的包装，包装对象包括各种原料、零件、半成品及成品等，包装方法也会随着物品性质与储运环境而有所不同。

（5）商业包装：与工业包装相对的包装领域。通常在以零售为主要商业交易对象时，将商品的一部分或整批做包装，其主要功能着重在促进批售、零售，提高作业效率，便捷消费者使用等。

（6）适正包装：合理而公正的包装。对于工业包装而言，适正包装是指物品在储运过程中能适应储运实施的包装，不会因受震动、撞击、压缩、水分、温度、湿度等外界条件的影响而使商品遭到破损，导致其商品价值及状态的降低的包装；对于商业包装而言，适正包装是指依据商品性质进行准确的定位而设计的包装，在设计时应该考虑到商品的保护性、安全性，以及单位、标示、容积、包装费、废弃处理等内容。

（7）运输包装：以运输为目的的包装。

（8）集堆包装：为达成装卸、搬运作业机械化的目的，将多个包装货物集合或集堆，堆集于垫板上成为大型货物单位的包装形式。

（9）消费者包装：对向单位如学校、医院、饭店、餐馆等大量供应的物品所使用的大型单位包装。

（10）易损性：物品受到撞击、震动、压缩等外力作用而容易产生破损、损伤或变形等。

（11）商品架储时限：通常指商品展售的有效期间，即包装物品在所定条件下能维持其商品价值的实效。

（12）热封：热可塑性塑胶，利用其热软化性、热熔性，将同种或异种的薄膜、薄片接合在一起的方法。加热方式有直接加热、通过强电流瞬间加热、高波加热、超音波加热等。

（13）封缄：将内容物或已包装物放置于容器内，并将其开口部封缄、捆缚、标贴、黏合、封印或热封等。

（14）黏合：使用黏合剂使两物互相接合在一起。

（15）包装机械：包装物品所用机械的总称。

（16）充填：将一定量（容量、重量、个数）的气体、液体或粉粒体等物品放入瓶、罐、箱、袋等包装容器中。

（17）打包：将一个或数个物品用带子捆紧。

（18）休止角：将粉粒状物品由上方自由落下时，堆积于水平面形成圆锥体，这个圆锥体的母线与堆积处的底面形成的角度。休止角用作设计包装容器器械的基准。

（19）集合包装：将两个以上的包装同一物品的最小销售单位集合包裹为一个大包装，方便批发、销售或消费者购买，并以促进销售为目的的包装形态。

（20）包装废弃物：使用后被废弃的包装材料或容器，设计时需要事先考虑其回收和处理的问题。

二、包装容器用语

（1）容器：容纳已包装或未包装物品的器物，如箱、罐等具有刚性并能保持一定形态的容器为刚性容器或半刚性容器；袋等较柔软、装填物品后方能形成立体状的容器为柔软容器。

（2）单次容器：使用一次即应废弃不可再用的容器。

（3）撬板：为输送较笨重或容积大的物品时，在其底层面所垫的底盘，用于浪筒、堆高机、吊车等作业，便于做横向或上下的移动。

（4）木箱：木质包装容器的总称。

（5）琵琶筒：琵琶状的刚性容器，由胴部上端板及下端板构成，主要为木制品，但也有金属或塑胶制品。

（6）笼：通气性良好、质轻、较具刚性的容器，多由竹、藤等植物性材料编制而成，也有使用纸绳、塑胶或不同材料组合而成的，多用于果菜、鱼鲜类的搬运。

（7）瓶：由瓶体、瓶口、瓶底组成的刚性容器，其颈部及肩部的形状比瓶身更细，通常使用软木塞或金属盖等作为瓶盖，使用材料有玻璃、陶瓷、金属、塑胶等。

（8）罐：通常指金属材料所制成的小容器，工业上所用的多为马口铁所制成的马口铁罐，有密封罐及开口罐两种。前者以锡焊密封制成，主要用于食品罐头；后者依据罐盖的形态分为套盖罐、旋盖罐、铰链罐、束紧小盖罐等，又依据空罐的制作方式分为冲压罐、抽成罐、弯折罐等。

（9）圆桶：用金属、塑胶、纸板等材料所制成，较具刚性的圆柱状容器。

（10）刚性容器：用金属、玻璃、塑胶、纸板等材料所制成的瓶、罐，或用木材、金属、纸板等材料所制成的桶、箱等，富于刚性的包装容器的总称，稍具柔软特性的塑胶制瓶类可以称作半刚性容器。

三、包装型式用语

包装型式用语如表 1-1 所示。

表 1-1　包装型式用语

序　号	包装型式用语	备　注
1	柔软包装	用纸张、塑胶膜、铝箔或布等富于柔软性的材料所制成的包装
2	盖封	将瓶、罐等包装容器口封缄所用的盖、栓的总称，有螺旋盖、金属盖、押栓等
3	箱	以硬质板状材料构成立方体且具有刚性的容器的总称

序　号	包装型式用语	备　　注
4	袋	以柔软材料制成的有一个开口的容器。在开口位置轻装入物品后予以封闭或不予封闭的状况下使用，形式有平袋、角底袋、折边袋等
5	大袋	与袋同义，但主要用于重包装
6	小包	袋的一种，指小型袋包装
7	薄膜密着包装	在具有通气性质的底板（如纸、纸板、塑胶膜）上放置被包物品，在被包物品上盖覆塑胶膜，一方面通过加热，另一方面经底板减压脱气，使薄膜密着于物品上，同时将物品固定于底板上
8	泡沫包装	将透明塑胶薄皮加热，经真空或压缩成型后，使之具有可装填内容物的凹部，然后将底板（纸板、塑胶膜、铝箔或此等复合材料）覆盖于开口部，并将周围热封或以黏合剂黏合的包装方法，有展示商品的效果，也有隔绝空气的保护功效
9	收缩包装	将一个或数个物品集中，以热收缩膜覆盖物品，并加热使其收缩束聚，用以固定、保持物品的包装方法
10	裹包	以薄片形式的柔软包装材料进行包装
11	外包裹	裹包的一种，在已包装的物品上再加上一层包装

四、包装箱标示名词与尺寸用语

（1）端面：在长方形容器中延长方向的两个端面与宽度方向、高度方向的棱所围成的面。

（2）侧面：在长方形容器中延长方向的两个侧面与长度方向的棱所围成的面。

（3）顶面：在容器中指盖或向上的面，在圆筒形容器中则指顶盖。

（4）底面：在长方形容器中指底或向下的面。

（5）内部尺寸：包装容器的内部尺寸。

（6）外部尺寸：包装容器的外部尺寸。

五、包装储运用语

（1）标志：货品在运输及储藏期间，以文字或图案标示于货品或货品包装上的应注意事项。

① 内容物资料，如商品名称、种类、特征、数量、制造厂名、制造日期等。

② 搬运操作注意事项，如不可倒置、危险等。

③ 储运上的传达事项。

④ 法规规定运输上的表示事项等。

（2）标贴：将物品的品名、牌名、数量、制造批号、制造日期、制造厂名、价格、说明等资料贴于包装物上或直接贴于物品上。

（3）捆缚：将数件物品或包装物用绳、带、索等捆缚。

（4）运输：用各种运输工具将物品由某一场所送至其他场所，包括集散、装卸及分类等一连串作业。

（5）搬运：在指定场所，以人力、机械等方式将物品搬移方向、装卸等作业。

（6）仓储：保护、管理所储藏的物品。

（7）装载率：运输工具、运输容器的内容积或装货台面积及容许装载重量，对装载物品占有的容积或重量的利用率。

（8）装载密度：单位容积内装载货品的重量，用以表示运输容器或容积受限的运输工具的装载效率。

（9）单位化货物：将物品集中以机械的方式进行装卸、运输。具体实施单位化货物常用货柜、垫板的运输。单位化货物的功效除了可提高装卸效率及运输工具的运用效率外，也可防止物品的破损、遗失及节省包装费用。

（10）货柜：通常称为集装箱，是指以单位化输送物品为目的，容积在一立方米以上的运输容器，能适用于不同种类的运输工具，并能适应各种货品的需要，可以重复使用。仅使用一次的货柜称为单次货柜。

（11）垫板：能将物品集中成一定单位的有空隙或无空隙的平台。

（12）货袋：以大单位运输粉粒状等物品时所需使用的大型柔软运输容器。仅使用一次就抛弃的货袋称为单次货袋。

（13）货柜化作业：将物品装载于货柜内，做门对门的运输称为一贯货柜化作业。

（14）垫板化作业：将物品装载于垫板上以大单位运输的方法。将物品装于垫板上，做门对门的运输称为一贯垫板化作业。

（15）包装货物：以运输为目的的包装物品。

（16）包装物品：被包装的物品。

（17）内容物：除去包装材料的内部物品。

（18）总数量：包装物品的总重量为内容物的重量（净重量）和包装材料的重量（空重）之和。

（19）净重：内容物的重量。

（20）空重：包装物品所用的容器及包装材料的重量。

（21）搬运标志：为指示包装物品的搬运要领，标明于包装上的标志，用以保障作业者的安全，并防止内容物的损坏。

本章要点

　　本章重点论述的内容是包装的起源与发展沿革、现代包装理念、包装设计的领域及包装用语等要点。

练习与思考题

　　1. 市场调研：对超市、商场或生活中出现的商品包装进行分析研究，找出你认为设计得比较成功的两个包装，并说出理由。同时，找出你认为设计得不理想的两个包装，说明理由。

　　2. 到图书馆或书店查阅有关包装的书籍、资料，加强对包装的进一步认识。

BAOZHUANG SHEJI

第二章

纸盒包装结构设计

学习提示

本章以包装设计师的角度，结合大量图例，全面介绍了纸盒包装设计的基本原理和设计方法，包括纸的种类和性能、纸盒包装设计程序、纸盒结构与造型设计、纸盒包装装潢设计、包装系统设计、礼盒设计与纸盒印刷生产等内容，着重叙述了纸盒结构的类型与成型方法、纸盒形态构成与造型设计。

学习目标

［了解］各种折叠纸盒的应用特点。

［理解］纸张的性能及常用品种。

［掌握］纸盒结构的类型与成型方法、纸盒形态构成与造型设计。

纸盒包装是市场销售包装中应用最广泛的商品包装形式之一。通过对纸盒包装的结构和形态的分析，论述了纸盒包装设计中常见的结构形式、形体特征及其特点与应用，指出了纸盒包装的结构设计要力求完美，形态设计要崇尚新奇，这将为纸盒包装设计提供借鉴作用。

第一节　纸盒包装结构概述

纸盒包装是指以纸为主要材料的包装制品，如纸盒、纸袋、纸箱、纸筒、纸罐及各种纸浆膜塑制品等，以及近年来出现的纸杯、纸盘、纸碗、纸瓶等日常用品。刘潞的清泉涧绿茶品牌形象设计如图 2-1 所示，李世杰的十堰茶叶包装设计如图 2-2 所示。

图 2-1

图 2-2

纸盒包装设计应遵循的原则和特性如下。

1. 纸盒包装设计三原则

1）整体设计原则

整体设计应适应消费者在考虑是否购买商品时，首先观察纸盒包装的主要装潢面（包括主体图案、商标、品牌、商家名称及获奖标志等）的习惯，或者满足经销者在进行橱窗展示、货架陈列及促销活动时，让主要装潢面面对消费者，以给予最强视觉冲击力的要求。整体设计应满足大多数消费者用右手开启盒盖的习惯。

　　"芦台春"酒的包装设计包括酒的瓶贴、酒容器、酒的外包装设计及展示陈列主要装潢面，如图2-3所示。

图 2-3

续图 2-3

2）结构设计原则

折叠纸盒接头应粘接在后板上，在特殊情况下可粘接在能与后板黏合的纸板上，除非万不得已，否则上板不要粘接在前板或可能与前板黏合的纸板上，纸盒盖板应粘接在后板上（黏合封口盖与开窗纸盒盖板除外），纸盒主要底板一般应粘接到前板上。这样，当消费者正视纸盒包装时，观察不到因粘接而引起的外观缺陷或由后向前打开盒盖而带来取装物品的不便。如"侯家峪精品水蜜桃"礼盒包装设计（见图 2-4），从携带提拿到包装打开后商品的陈列效果，无不体现出包装设计结构的巧妙合理，烘托出水蜜桃商品的特色，提高了商品的品牌附加值。

图 2-4

客户名称： 侯家峪水蜜桃

所属行业： 食品行业

服务内容： 商品策划营销、礼盒包装设计

客户背景： 古田水蜜桃　古田水蜜桃是水蜜桃中的佼佼者，以其独特的风味和品质而闻名省内外。古田水蜜桃栽培历史悠久（始于公元 1700 年），距今 300 余年，当地群众自古就有种植水蜜桃的传统习惯和丰富的

栽培经验。古田水蜜桃多分布于翠屏湖畔。该湖畔空气清新，气候温暖湿润，优越的生长环境为古田水蜜桃提供了理想的栽培条件。

创作思路：兰旗设计　结合该客户商品的核心属性，对市场同类商品的竞争对手进行分析，并对目标群体消费者进行了市场调研与数据整理，基于此所做的商品礼盒包装设计在整体风格构思时，采用樱花粉色系作为包装主体颜色，画面元素选择以桃花为主，力求充分体现商品的独特属性。

礼盒造型设计沿袭了中国传统节庆的包装形态，并在其基础上创新采用有关联的双层款式设计，使整个水果礼盒看起来更加具有精致锦盒的品质感觉，给人以大气、温润的档次效果。双层的设计大大节省了整体包装的面积空间，同时也增加了盛装商品的容量。这种人性化的考虑十分有利于对商品的保护、运输及搬运。

3）装潢设计原则

包装纸盒的主要装潢面应设计在纸盒前板（管式盒）或盖板（盘式盒）上，说明文字及次要图案应设计在后板上。当包装纸盒需要直立展示时，装潢面应考虑盖板与底板的位置，整体图形以盖板为上，底板为下（此情况适用于内装物不宜倒置的各种瓶型的包装），开启位置在上端；当纸盒包装需要水平展示时，装潢面应考虑消费者用右手开启的习惯，整体图形以左端为上，右端为下，开启位置在右端。

图2-5所示的是"世界之星"获奖作品——酿艺。

所属行业：酒水

客户背景："酿艺"是泸州老窖集团出品的一款一年一度的限量级定制型白酒，创作主题为"精锐"。

创作思路：对于"精锐"，设计师从单方面着手，那就是坚韧。"精"可以理解成最佳的一部分，而之所以能称之为"精"，必定是经过了千锤百炼而成。那么，在这个历练的过程中，"坚韧"是不可或缺的品质。结合这样的理解思维，我们联想到了竹。古语有云："宁可食无肉，不可居无竹。"可见竹在人们心中的地位是极高的，而商品包装本身如果单纯定位为运输包装，或许还不足以体现其一年一度限量级这样一个理念，所以我们将其设定为展示性包装。

这款设计通过组装式的结构将容器进行展示和运输，让人眼前一亮。（此款设计获得2014年世界包装组织所颁发的"世界之星"包装设计大奖。）

图2-5

续图 2-5

2. 纸盒包装设计的重要基本特性

（1）保护性：包装结构设计首先要考虑的问题就是保护商品。保护性是纸盒结构设计的关键，根据不同商品的不同特点，设计应分别从内衬、排列、外形等方面考虑，特别是对于易破损的特殊型商品。

（2）方便性：纸盒包装结构设计要便于生产、储存、携带、使用、运输和陈列展销。

（3）合理性：大批量生产的包装要考虑加工工艺与生产设备的配套、大批量生产的方便等问题。

（4）变化性：纸盒包装外形的变化非常重要，包装的外形有变化就会给人新颖感和美感，刺激消费者的购买欲望。

（5）科学性：科学合理的纸盒容器要求用料少而容量大，重量轻而抗力强，成本低而功能全，这是纸盒包装设计中的基本原则。

一个好的纸盒包装设计必须具有以上五个特性，不然即使纸盒包装结构设计得再巧妙，也是不合格的纸盒包装设计。

纸盒包装设计如图 2-6 所示。

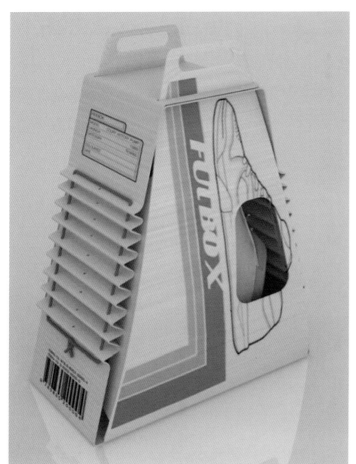
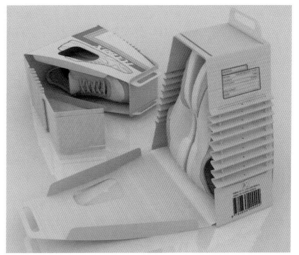
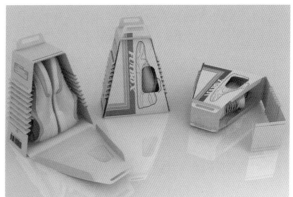

图 2-6

第二节　纸盒包装设计的结构与形态分析

包装是商品由生产转入市场流通的一个重要环节。在市场经济的大环境下，每一个企业都在探索自己的商品进入市场、参与流通与竞争的手段和方法。商品包装以其所处的地位，已成为人们愈来愈重视的经营环节，它直接或间接地参与了市场竞争，成为市场销售战略中的一个强有力的武器，为不少的商家带来了丰厚的利润。

商品包装在今天不断发展的市场经济中具有举足轻重的地位，而在市场销售包装中，纸盒包装因其质地轻巧柔韧，易于加工，造型结构多样，成本低廉，便于印刷、商品展示、运输、储存、环保及回收等特点，而成为应用广泛的一种商品包装形式。

纸盒包装合理的结构与形态设计，取决于包装设计师对商品的物理性能及消费者心理的了解，两者相互依存，相互联系。纸盒包装结构造型设计从平面到立体，通过剪切、折叠、粘贴、插入等方式与其他辅助材料组装出纸盒的结构与形态。

一、纸盒包装的结构分析

纸盒包装的结构设计应遵循"科学适用、新颖美观、经济合理"的原则，应充分考虑到对商品的保护、使用、展示、陈列、销售、储运、集装、携带等综合性能的要求。由于消费对象、消费层次的不同，纸盒包装的结构设计要力求完美，以表现出稳定、庄重、轻盈、秀丽、粗犷、灵巧、轻便等各种个性特征。

纸盒包装的结构有18种基本盒型和近百种实用盒型，而常用的纸盒包装结构的种类有直线式、抽屉式、书本式、开窗式、手提式、异形盒式、组合式及集合式等，其结构特点及应用分析如表2-1所示。

表2-1 纸盒包装的结构分析表

序 号	种 类		结 构 特 点		应 用	
1	直线式	套桶式	无顶盖、无底盒，一张纸折成筒状	大多不用黏合剂，盒身切口拴接和锁定，使纸盒形成封口	药品、日用商品的外包装	
		盒盖一体式	盒盖与盒身相连		香烟盒等	
		盒盖分体式	盒盖与盒身分开		鞋子、食品、体育用品等的包装	
2	开窗式		盒身部分采用透明材料制作，增强商品可信度		食品、化妆品、玩具等的包装	
3	抽屉式		形似抽屉，方便拉出、推合，分盒盖与盒身两部分		食品、保健品及音像品等的包装	
4	手提式	提手与盒体分体式	提手通常采用综合材料，如绳、塑料、纸带等，以增加丰富感	方便人们携带、搬运	饮料、小家电、厨具等有一定重量的商品及礼品、服装等的包装	
		提手与盒体一体式	利用一张纸成型的方法，成本低、易加工、应用较为广泛		化妆品、食品等的包装	
5	书本式		开启方式类似于精装图书，摇盖通常没有插接咬合，而是通过附件来进行固定		礼品、酒类等名贵商品的包装	
6	异形盒式		形态由折叠线的变化引起，奇特有趣，结构复杂，制作难度大，展示效果好		化妆品、食品、玩具等的包装	
7	组合式		大包装中套小包装，整体与部分相结合。外观贵重，成本较高		高附加值商品的包装	
8	集合式		利用一张纸成型，在包装内部自然形成间隔，可以有效地保护商品，提高包装效率		饮料瓶、饮料罐、玻璃器皿、鸡蛋等易碎商品的包装	

二、纸张种类

1. 文化纸

（1）拷贝纸：17 g正度规格，用于增值税票、礼品内包装，一般是纯白色。

（2）打字纸：28 g 正度规格，用于联单、表格，有七种色——白、红、黄、蓝、绿、淡绿、紫色。

（3）有光纸：35 ~ 40 g 正度规格，一面有光，用于联单、表格、便笺，为低档印刷纸张。

（4）书写纸：50 ~ 100 g 大度、正度均有，用于低档印刷品，以国产纸最多。

（5）双胶纸：60 ~ 180 g 大度、正度均有，用于中档印刷品。

（6）新闻纸：55 ~ 60 g 滚筒纸、正度纸，报纸选用。

（7）无碳纸：40 ~ 150 g 大度、正度均有，有直接复写功能，分上、中、下纸，上、中、下纸不能调换或翻用，纸价不同，有七种颜色，常用于联单、表格。

（8）铜版纸：A. 双铜：80 ~ 400 g 正度、大度均有，用于高档印刷品；B. 单铜：用于纸盒、纸箱、手提袋、药盒等中、高档印刷品。

（9）亚粉纸（无光铜或雪铜）：105 ~ 400 g，用于雅观、高档彩印。

（10）灰底白板纸：200 g 以上，上白底灰，用于包装类。

（11）白卡纸：200 g 以上，双面白，用于中档包装类。

（12）牛皮纸：60 ~ 200 g，用于包装、纸箱、文件袋、档案袋、信封。

（13）特种纸：一般以进口纸常见，主要用于封面、装饰品、工艺品、精品等印刷品。

2. 特种纸

彩胶、皮纹、布纹、石纹、竹丝纹、刚古、珠光、各类花式纸、深色卡纸描图纸、环保纸等特种印刷艺术用纸。

3. 特级双面铜版纸

纸面光泽度比一般铜版纸更高，平滑度更佳，纸面洁白细致，印刷色彩表现鲜艳，层次与对比优良，适合高级彩色印刷品，适用于高级书籍、型录、月历、海报、封面。

4. 雪面铜版纸

双面经特殊粉面处理，纸质柔和优雅，具有雾光效果，视觉清爽、舒适、不反光，不透明度高，印刷色彩饱和度及鲜艳度佳，具有极佳质感，适用于仿古画、图册、月历、杂志、书籍、专刊、型录、海报等。

5. 双面铜版纸

纸面双面平滑、洁白，光泽度佳，不透明度高，经彩色印刷后，图案效果鲜艳，色彩层次表现佳，适合彩色印刷品，适用于一般书籍、型录、月历、海报、封面等。

6. 单面铜版纸

一面进行涂布加工，一面进行上胶处理，因此纸张单面光亮、平滑、吸墨均一，适合单面彩色印刷，且背面可进行上胶等加工处理，多作卷标、海报、裱褙离型用纸。

7. 特级象牙道林

纸张颜色为象牙色，具有柔和效果，不反光且不刺眼，具有不透明度高、纸面平滑的特点，适用于阅读性书籍。

8. 划刊纸

纸张颜色柔和，纸质平滑细致，不反光且不刺眼，适用于高级书、画册。

9. 白道林

纸张颜色洁白，厚度佳，中性上胶生产，可保存百年不变色，适用于书籍、薄册、产品说明书、信封信纸、便条纸、日历等。

10. 全木道林纸

浆料以长纤维为主，纸张耐撕力强、硬挺度特佳、平滑性高，是道林纸类最佳等级用纸，适用于杂志插页（划拨单）、薄册、产品说明书、明信片、信封、桌历。

11. 杂志纸（高白杂志）

纸质轻薄，具亮面光泽，纸色高白，因此较一般偏黄纸色，在印刷效果上更能表现出印刷对比与色彩的鲜艳度，是国内最佳的薄磅高级用纸，适用于杂志、DM、书刊、周刊、彩色说明书、邮购彩色宣传品。

12. 雪白道林纸

纸张经过微量涂布，颜色洁白如雪，纸质平滑细致，不反光且不刺眼，适用于高级书籍、画册。

13. 特级特白道林

纸张视白度高，纸质平滑细致，印刷产品对比鲜明。

三、纸盒包装的形态分析

纸盒包装的形态设计要崇尚新奇，这将会在陈列环境中对购买者的视觉引导起着举足轻重的作用，从而激发他们的兴趣和购买欲。纸盒包装的形态是一个立体的造型，它的成型过程是由若干个组成面的移动、堆积、折叠、包围而形成一个多面形体的过程，其中面起着分割空间的作用，对不同部位的面加以切割、旋转、折叠，所得到的面就有不同的情感体现。平面有平整、光滑、简洁之感；曲面有柔软、温和、富有弹性之感；圆面有单纯、丰满之感，方面有严格、庄重之感。基本立体根据构成自身面的不同有平面立体与曲面立体之分，表面全部由平面构成的立体为平面立体，表面由平面与曲面共同构成或全部由曲面构成的立体为曲面立体，而任一形态的立体造型都是基于这样的平面立体或曲面立体，或单一或其切割或其组合而构成，其中平面立体有棱柱与棱锥（锥台）之分，曲面立体有规则曲面立体（回转体）与非规则曲面立体之分，组合体有复合与相交之分。纸盒包装的形态有平面立体、曲面立体、组合体及其异形体（包括仿生物、仿用具、仿建筑等）及不同形体经切割所构成的各种形态。纸盒包装的各种形态如图2-7所示。

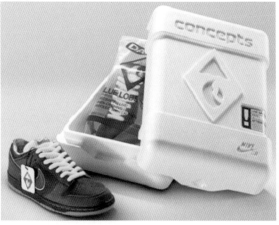

图 2-7

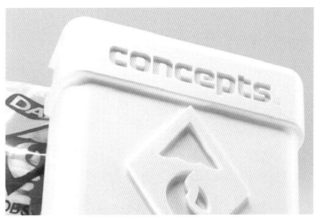

续图 2-7

　　不同形态的包装决定了其功能的侧重点不同。从包装的实用性角度来看，平面立体形态的纸盒包装最具有典型性。同样体积的包装，平面立体形态的纸盒包装的容量更大，制作成本更低，更节省空间，便于仓储、运输，造型也简洁大方，非常适合用于日常生活用品、香烟、食品、药品等商品的包装。然而商品欲通过其包装来吸引消费者的注意，激发消费者的购买欲望，实现包装的促销功能，那么就要从包装的结构和形态上下功夫，使其在众多商品中脱颖而出。

　　往往一些经过精心设计的特殊形态的纸盒包装，如曲面立体形态的包装、模仿生物和某些物品的异形体的包装等能取得很好的促销效果，因为这样的包装不仅仅具有使用功能，更主要的价值是能够吸引消费者的注意，激发消费者的购买欲望。特殊形态的异形体纸盒的形态变化丰富、样式精巧、视觉效果好，但成本较高，不太适合于仓储。因此，在设计商品包装形态时，首先要考虑商品的自身属性以及商家对该商品包装的具体要求。

　　包装的结构与形态设计和包装的保护性与便利性有着直接的关系，在生产、储运、销售、消费等方面应遵循科学、经济、美观的原则，注重形态与材料、结构、工艺之间的平衡。对于纸盒包装的结构形态（见图 2-8），除特殊情况下制作异形体外，多数情况下要以规则的方正盒型为主，以节约运输、仓储的费用。同时，设计的纸盒扣盖及封底等重要部位要考虑选用纸张的厚度，适当调整尺寸，做到扣封顺畅严密。盒型结构还要考虑到后期模具切割、黏糊的可操作性和规范性，避免过分复杂和不规则的工序，以免增加成本、产生废品而使企业蒙受损失。随着市场经营方式的多元化发展，诸如邮购方式、网上购物方式、仓储式售卖方式等逐步向人们日常生活渗透，这必将对包装的结构与形态设计提出新的研究方向。

图 2-8

第三节　包装纸盒的分类及结构设计原理

　　纸盒包装的基本造型是在一张纸上，通过折叠、模切、接上或黏合而使其具有各种形态。从纸盒的造型结构与制造过程看，包装纸盒可分为以下几大类。

一、直线式纸盒

　　直线式纸盒是一种最常见的纸盒形式，目前被广泛应用于药品类的包装，其生产方法是将纸冲压出折痕，切除不需要的部分，然后通过机械或手工将其折叠黏合。这种纸盒的优点是结构简单、成本低，由于使用前能折叠堆入，因而还可节省堆放空间与运输成本，但这种形式的纸盒随着盒体高度的增加，当纸盒竖起时，底部可能会由于内盛物重而脱底。因此，这种形式的纸盒比较适合于较为偏薄的结构。

　　直线式纸盒的常见形式有以下几种。

1. 套桶式纸盒

　　套桶式纸盒（见图2-9）的结构非常简单，没有盒盖与盒底，单向折叠后成筒状，常用于套装在巧克力、糖果、糕点等的外面。

图2-9

2. 插入式纸盒

　　插入式纸盒（见图2-10）是直线式纸盒的最典型代表，由于两端插入方向不同，可分为直插式与反插式。直插式纸盒的顶盖与底盖的插入结构（舌头）是在盒面的同一面上，反插式纸盒的顶盖与底盖的插入结构是在盒面、盒底的不同面上。

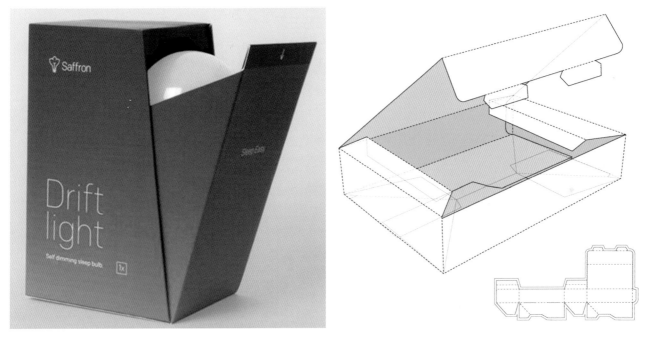

图 2-10

3. 黏合式纸盒

黏合式纸盒（见图 2-11）没有插入式纸盒的插入结构，它是依靠黏合剂将上盖与底部黏合起来，是一种坚固的纸盒，适用于盛放粉状或颗粒状的商品。由于没有插入结构，且净面积里没有被切掉的部分，因此材料相对节省。

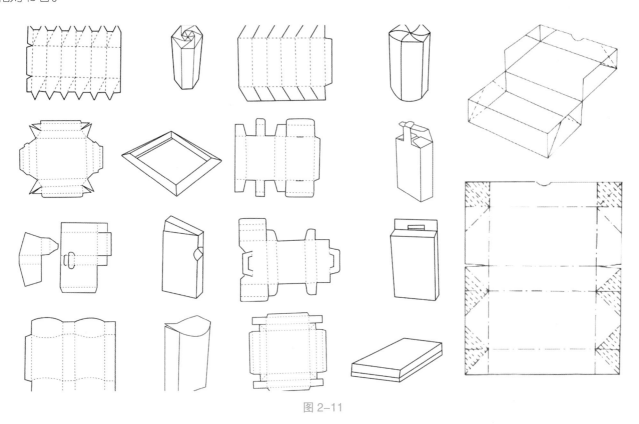

图 2-11

二、锁底式纸盒

锁底式纸盒将插入式底盖改成锁底式结构，省却了黏合工艺，能盛放较重的商品，如化妆品、酒、药品等立式商品。与插入式纸盒相比，同样尺寸的纸盒，由于锁底式纸盒省却了底盖的插入结构，因此更节约材料。

三、盘状式纸盒

盘状式纸盒是一种具有盘形结构的纸盒，除了直线式纸盒以外的纸盒大都属于这种形式。

盘状式纸盒用途很广，如食品、杂货、纺织品成衣和礼品等都可以采用这种包装纸盒，其最大的优点是一般不需要用黏合剂，而是采用在纸盒本身结构上增加切口来进行拴接和锁定的方法使纸盒成型和封口。如图 2-12 所示盘状式纸盒，其盒盖连接为插接式结构，盒角采用锁合法。

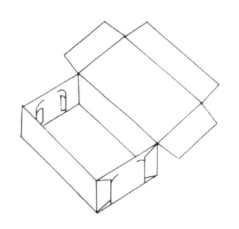
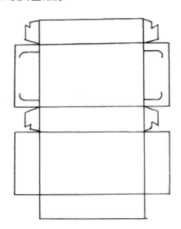

图 2-12

1. 折叠式纸盒

折叠式纸盒是经折叠和粘贴而成的纸盒，盒身面积小，便于运送和存储，且经济性好。根据使用目的改变角的折叠构造，使纸盒的折法改变，可形成双体式纸盒、摇盖式纸盒等。

（1）双体式纸盒（见图 2-13）。这种形式的纸盒又称为天地盖托盘纸盒，分别制成盖子和托盘两部分，是一种很传统的造型。

（2）摇盖式纸盒。这种形式的纸盒是用一张纸做成的，托盘与盖子连在一起，适用于盛放散装糖果、饼干、土特产等。

2. 装配式纸盒

装配式纸盒（见图 2-14）不用粘贴，按照其结构可分为双层式与锁定式两种形式。

（1）双层式纸盒。这种纸盒是把四面的壁板做成双层的结构，然后把四面延长的口盖咬合起来，使壁板得以固定住，而不必使用黏合剂。纸盒的这种结构可以把壁板发展成带有厚度的壁板。双层式纸盒由于加固了壁板，再配以开窗或透明的顶盖，一般适用于盛放较有分量的糕点、礼品等。

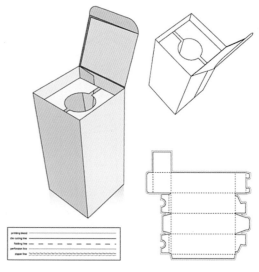

图 2-13

（2）锁定式纸盒。锁定式纸盒既具有合理性与科学性，又省却了使用糨糊的工序，因此使用锁定式结构的纸盒是现在的流行趋势。最简单、最省料的制作方法便是在盘状纸盒的壁板处加上切口，然后稍微改动一下防尘盖的结构就成了锁定式纸盒。锁定式纸盒大多用来盛放汉堡包和三明治，目前市面上使用得最多的还有以下几种：利用侧口盖和底部的变化的锁定式纸盒、利用上下切口相互钩住成锁状口的锁定式纸盒、利用侧口盖的延长的锁定式纸盒、利用横褶和前壁板的延长的锁定式纸盒。

图 2–14

锁角托盘（见图 2–14）是一种通用的四面托盘，由机器将其竖立，四角分别扣住，在制作中不需要上胶，通过在角上使用凸舌和狭缝来形成面。用一只托盘作底座，再用另一只稍大些的托盘做盒盖，就能将这种托盘制成容器。

3. 裱糊盒

裱糊盒是一种盛装名贵商品的包装盒，如金银首饰、珠宝、古玩、单件玻璃器皿、陶瓷和名贵药材等，一般用黄纸板作内衬，根据需要采用各种纸张作内外裱糊材料，也可采用木材片、金属箔、玻璃、布料作裱糊材料。由于裱糊盒使用范围不广，靠手工单个制作，因此价格昂贵。

4. 姐妹纸盒

姐妹纸盒是将两个或两个以上相同造型的纸盒在一张纸上折叠而成的，其造型有趣、可爱，适用于盛放礼品与化妆品。

5. 异形纸盒

异形纸盒（见图 2–15）是由于折叠线的变化而引起了纸盒结构形状的变化，从而产生了各种奇特有趣的异形包装盒。

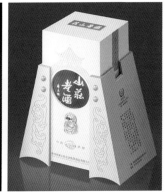

图 2–15

6. 手提纸盒

手提纸盒（见图2-16）是方便消费者携带的纸盒，它必须具有携带的合理性：简便、易拿、成本低，提携的把手要能承受商品的重量，又不妨碍商品的保管、堆叠。

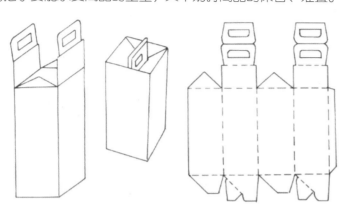

图 2-16

四、便利纸盒

便利纸盒是随着商品流通的变化而发展起来的具有包装开封机的易开式结构的纸盒。由于消费者单手就能操作取出内容物，所以使用便利纸盒已经成为现代消费者的选择。

1. 缝纫机刃开封

缝纫机刃开封是一种简单的开封形式，餐巾纸盒就是采用这种开封形式，可以按照纸盒的用途及纸盒本身纸张的厚度来选择孔的间距。

2. 拉链

拉链结构的纸盒（见图2-17）的使用范围非常广，可以采用在纸盒的一个面上或围绕纸盒一周切开的方法。

3. 管口

管口结构是一种优异的结构。在纸盒的某一部位剥开黏合处作为倒出口，这种形式的纸盒多用于液体类食品的容器包装，如牛奶、饮料类容器。

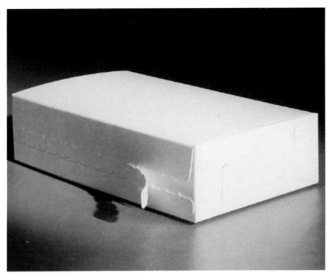
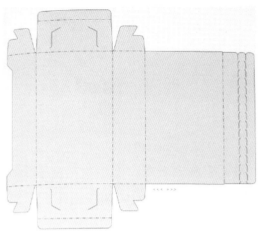

图 2-17

五、展开式纸盒

展开式纸盒是一种能使消费者很快找到自己想要的商品、促进销售、起宣传广告作用的 POP 纸盒。

1. 延壁式纸盒

延壁式纸盒（见图 2-18）的部分壁板的延长部分既可以打洞悬挂，又可以为商品做广告。

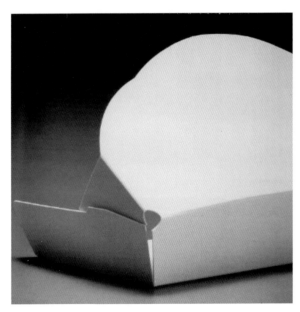
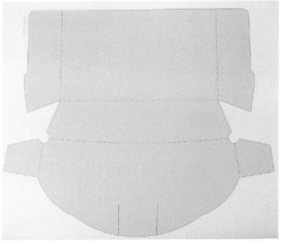

图 2-18

图 2-18 中，三面的展示托盘基本造型的纸盒为外观不好看的食品销售提供辅助，它为会收缩的商品提供部分保护，更重要的是，它以图形的形式为消费者消除世界屏障，这也是最小限度耗费材料的做法。

2. 连盖托盘式纸盒

连盖托盘式纸盒（见图 2-19）是一种具有连盖托盘体结构的纸盒，只要在盒盖上切上一条口子并连接上折叠线，就能将其折叠成为立式结构，这样既能为商品做广告，又能展示商品。

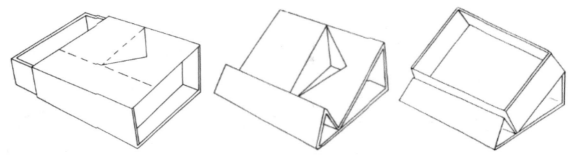

图 2-19

3. 割壁挖洞式纸盒

割壁挖洞式纸盒（见图 2-20）通过割开壁板或挖洞，而起到容易取出商品、展示商品的功能。

图 2-20

六、开窗纸盒

开窗纸盒（见图 2-21）的最大特点是将内容物直接展示出来，给消费者以真实可靠的信息。开窗的形式有局部开窗、盒面开窗、盒盖开窗等，视商品情况而定。开窗处里面贴有 PVC 透明片基作为窗口，设计时要注意两个原则：一是窗口的大小要讲究，开得太大会影响盒子的牢固，太小则看不清商品；二是形状要美观，切割线不必过于繁杂，以免显得琐碎。

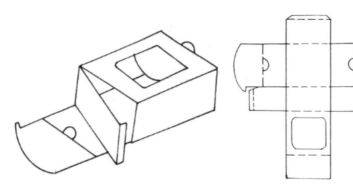

图 2-21

七、具有搁板结构的纸盒

具有搁板结构的纸盒（见图 2-22）是以保护商品为主要目的的纸盒，它是在折叠式纸盒的基础上设计出各种形式的间壁、搁板架等，以此把商品搁开。这对于一些易碎商品而言是最有效的保护手段，同时在开启纸盒后也起到了展示效果。

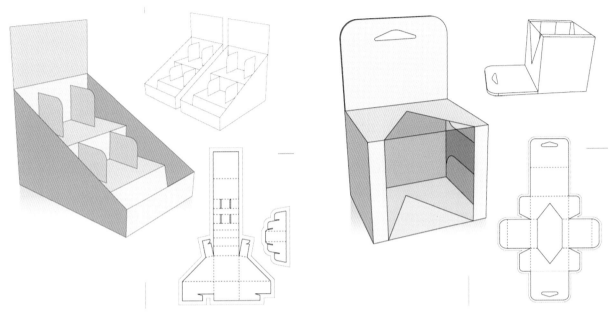

图 2-22

总之，纸盒的种类和包装设计是科学性和艺术性相结合的产物。消费对象、消费层次的不同使得纸盒形态结构设计的要求也不相同。力求美观、新颖，以表现出各类商品的个性特征是包装设计所要追求的目标，合理的结构、理想的选材是保护商品、方便携带、便于销售陈列、降低生产成本的要求。这些都是设计者必须要注意到的问题。

第四节　纸盒包装结构形态的趣味性设计

纸盒作为商品包装的主要形式之一，有着丰富的结构形态，包装结构的巧妙、外观形态的新颖赋予了纸盒包装结构形态以趣味。本研究试从纸盒包装外观形态设计的装饰法、反常态法和仿生法三种主要设计方法，以及纸盒结构设计中的比例协调、构造巧妙、双向互动三项设计原则去阐析纸盒包装结构形态的趣味性设计。

纸盒作为商品包装的主要形式之一，由于有着低成本等优点，因此在包装行业内被广泛采用。纸的特殊性决定了纸通过切、扎、折叠、黏合等一系列工艺程序，容易形成符合商品各种要求的具体纸盒包装形态，这些纸盒包装在结构形态上千变万化，各具特色。例如，传统纸盒包装形态中虽大多数以简单几何形态为主，但在构造上却有摇盖盒结构、套盖盒结构、开窗盒结构、姐妹盒结构等多种构造。随着社会的发展、人们审美情趣的提高，消费者对纸盒包装提出了更高的要求，那些外观形态新颖、结构巧妙、富有趣味的纸盒包装更容易被人们接受、喜爱。因此，纸盒包装结构形态的趣味性设计日益受到厂商和设计部门的重视。本节着重从纸盒包装的外观形态和结构设计两方面去解析纸盒包装结构形态的趣味性设计。

何谓纸盒包装结构形态的趣味性设计？它是指为了使包装结构形态富有趣味，包装设计师通过对纸盒包装结构形态的设计活动，使包装呈现出合理的结构、完善的功能，使之既有新颖的外观形态，又有巧妙的结构构造，从而激发购买者和使用者的兴趣，并且使人们在对包装的使用过程中获得心理上的愉悦与好奇心的满足。人与包装在互动过程中产生的好奇感、愉悦感都来源于纸盒包装结构形态所呈现出的趣味性，而这种趣味性正是由新颖的外观形态和巧妙的结构构造共同呈现出来的。

一、富有趣味性的纸盒包装的外观形态设计方法

纸盒结构是纸盒包装的骨架，决定着包装的外观形态以及物理机能，而纸盒的外观形态作为一个具体包装的"面子工程"，是包装与购买者在第一次接触中吸引和打动购买者的有效因素之一。设计师为使纸盒包装的外观形态呈现出趣味性，更好地吸引消费者，往往在设计中运用以下三种主要设计方法。

1. 装饰方法

装饰作为包装装潢设计的常用手段之一，常常运用在包装的外观形态设计中。通过装饰手法的运用，可以使原本单调的包装外观形态富有艺术美感，并在形式上产生丰富的变化，给包装增添生机与趣味。纸盒包装外观形态上的装饰手法常常出现在纸盒的棱、边、角处，如图 2-23 至图 2-25 所示。因为棱、边、角往往都产生于纸盒结构的交接处，它们扮演着启、承、转、合的角色，所以对其进行装饰处理更容易产生效果。此外，在有些特定条件下，设计师为了增强包装的整体美感和趣味性，会添加一些附加的外在装饰构件。这些构件虽没有多大的实际功用，但能够使纸盒包装的外观形态变得更加丰富，从而增添纸盒包装的趣味性，增进人与纸盒包装之间的互动性，如图 2-23 至图 2-25 所示。

图 2-23   图 2-24   图 2-25

2. 反常态方法

反常态设计方法是增加包装趣味性的有效手段之一。常态指的是事物存在的通常状态，对这种状态的认识多数来自人们对事物存在状态的普遍认同和经验总结，人们依此形成了惯性思维与认识。纸盒包装外观形态的反常态设计，便是要打破单调古板的外观造型模式，使其生动新颖，如图 2-26 所示。

图 2-26

　　当然，这种突破不是无理由地颠覆纸盒包装的传统形态和构造，而应是在满足包装各项基本功能的前提下的突破，是使包装结构更加合理、外形更加生动的一种创新。这种创新使得一些旧式的纸盒形态焕发出新的生命力，给使用者以新鲜感。这种创新既可以是纸盒整体外观形态的变化，也可以是纸盒局部构造的变化，它们都是为了使整个纸盒包装更加富有趣味性，同时使包装的整体实用功能得以提升。

3. 仿生方法

　　仿生也是包装设计中常见的设计方法，在包装外观形态设计中也常常见到，如图 2-27 所示。仿生手段的使用也可有效增加纸盒包装的趣味性，其手法与装饰法、反常态法两方法类似。由于仿生手段常常模仿的形象多来源于日常生活中常见的形态，因此，仿生手段比上述两种手法更容易产生亲切感，引起使用者的兴趣，拉近使用者与纸盒包装的距离。例如，儿童玩具的包装外观常常模仿一些动物形象或者采用卡通人物造型，这样有效地增添了包装外观的趣味性，增强了对儿童的吸引力，增进了人与包装的互动性。

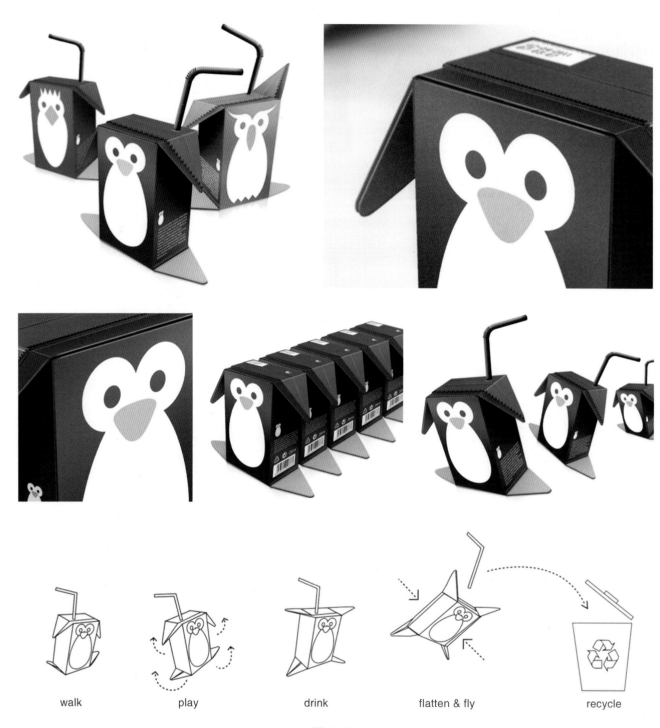

walk　　　play　　　drink　　　flatten & fly　　　recycle

图 2-27

二、富有趣味性的纸盒包装的结构设计原则

　　纸盒包装除了新颖的外观形态外，其结构构造的巧妙合理同样能够产生趣味性，增强人与包装的互动关系，甚至由于构造的精巧别致，可以使得消费者乐于把玩商品，产生一种爱不释手的感觉。包装结构作为纸盒包装的骨架，决定着纸盒包装的外观形态和内部构造，而巧妙的构造源于优秀的纸盒结构设计。在满足包装的主要

功能的前提下，包装设计师在对纸盒进行结构设计时，应着重对纸盒内部构造进行精心设计，在设计过程中要把握以下三个主要方面的要求。

1. 比例协调

　　比例关系几乎是任何设计创作都会涉及的一个基本概念，纸盒包装的设计同样如此，如图2-28所示。纸盒包装的比例关系决定着纸盒包装的美观性和使用者的舒适度，比例关系的协调能够产生美感，从而增添包装的趣味性。因此，纸盒包装涉及的比例关系在符合人体工程学的基础上应尽量呈现美感。例如，对于纸盒包装的手柄设计，包装设计师应根据男女手幅参数，在满足使用者使用时手感舒适度的基础上，还应尽量考虑到手柄留空处的面积与包装整体、各部分之间的比例，使之达到协调。只有比例准确、协调，才能使包装体现精巧别致的特点，达到赏心悦目的效果。

图 2-28

2. 构造巧妙

　　构造巧妙指的是通过有别于一般的纸盒结构设计而让人感到不同寻常、巧妙高明。纸盒包装往往是由多个面和多个体共同组成的，巧妙的构造能使纸盒包装各构成部件之间达到和谐的状态，充分利用和发挥出各组部件的功能，从而整体提升纸盒包装的物理机能，让人们在使用包装时享受便捷，从而感到愉悦与趣味，例如超佳鞋盒设计，如图2-29所示。

图 2-29

设计者通过对传统鞋盒开启方向上的小小改进和封口处的拉伸处理，使得原本单一的鞋盒更加富有趣味性，同时提升了鞋盒的实用功能。

3. 双向互动性

包装作为保护、运输、美化商品的"装置"，可以直接与人产生互动，如图 2-30 所示。包装的结构构造决定了人们在使用包装时的行为动作，而一系列的使用动作形成了一个完整的行为流程，这个行为流程应该是顺畅的和可选择的。人们在使用包装时，行为动作的选择性越强，人与包装的双向互动关系则越强，而互动性越强，则纸盒包装的趣味性越强。例如套盖盒和抽拉盒的比较（两盒各有自身特色和功能，本例仅以行为动作的多样选择性为例）。套盖盒的动作流程是启→取；抽拉盒的动作流程是拉→取／抽→取。两者对比发现，抽拉盒相对套盖盒多了一个可选择的动作流程，这样就打破了套盖盒单一、单向的动作流程，使人们在对包装的使用过程中由于具有行为动作的多种选择性而产生好奇感，使人们感到原本单调的使用过程变得富有趣味。因此在设计富有趣味性的纸盒包装时，应该对使用者的行为动作流程进行充分考虑。

图 2-30

新颖的外观形态、巧妙的结构设计都能使包装富有趣味性，极大地增强了人与包装之间的互动性，强化了包装的艺术表现力。为了使这种"趣味"能够通过纸盒包装的结构形态得以呈现并为大众所接受认同，设计师对纸盒包装结构形态的趣味性设计还应建立在对被包装商品的认识以及对使用该商品的消费者的喜好的了解的基础上。因为不同的文化背景、教育程度、性别、年龄等都会造成审美情趣的不同，从而导致"趣味"因人而异。如何设计出更多富有趣味性的纸盒包装并使其迎合不同背景的消费者，是包装设计师共同面临的一个课题，有待于我们继续去实践、去创新。

本章要点

　　本章重点论述的内容是纸盒包装的结构设计，了解不同纸盒包装设计的使用功能和用途，特别要对纸张材料的性能优势有所掌握，便于合理化运用。

练习与思考题

1.通过对现有的纸盒包装结构造型的学习和认识，了解不同的纸盒包装结构造型的使用功能、特性，感受不同的纸盒包装形态带来的特殊美感。

2.临摹制作数个通用纸盒的结构造型。

3.设计两个异形折叠式纸盒，并附上使用说明书及结构展示制作图。（设计要求：有针对性、有特点、方便使用、节省材料、简洁大方、结构合理，并具有造型新颖性。）

BAOZHUANG SHEJI

第三章
包装容器造型设计

学习提示

本章的学习旨在让学生了解包装容器造型设计的原则及要求，掌握包装容器的设计方法和设计程序。

学习目标

[了解] 不同材料的包装容器的造型设计及特点。

[理解] 容器设计的原则与方法。

[掌握] 包装容器造型设计的程序与方法。

在包装容器造型设计中，除了纸盒包装容器占据一部分外，仍然有许多其他材料的包装容器，如玻璃、塑料、金属、陶瓷、木材、竹子等，它们各自都有独特的特性，由于功能的不同，形态也不相同，一般可分为瓶、筒、杯、桶、罐、盘、袋、篓、箱、坛等。

包装造型设计是一门空间立体艺术，造型的概念不是单纯的外形设计，它涉及材料选择、人机关系、工艺制作等因素，是一种更为广泛的设计与创造活动。包装造型设计中表现最为突出的是容器造型设计，设计者在进行具体设计时，应根据具体商品的特性、要求进行合理的、合目的性的设计，并在制作工艺可行性和解决包装功能性的基础上，运用形体语言来表达商品的特性及包装的美感。

第一节 不同材料的包装容器造型设计及特点

瓶子造型的优点在于它可以整体显示态势美感，既有静态的稳定感，也有动态的流动感。在设计瓶子造型时，一定要整体地考虑，从瓶子的底、腰、身到肩、头、瓶口的造型，都要符合视觉重心的法则，给人以平稳、安定或挺拔、秀丽之感，同时也要考虑各个部分之间的相互协调，尤其要注意瓶盖与瓶身的比例和呼应关系，有时一个吸引人的瓶子造型，最动人的部分恰恰就是瓶盖奇特的造型。设计得当的瓶形姿态优美、流畅，有的犹如婀娜多姿的少女，栩栩向你走来，有的如出水芙蓉般亭亭玉立。瓶子的造型是三维立体的设计，在设计时一定要从多角度进行观察、调整，以求从不同角度观看都有较好的视觉形态。

一、玻璃容器造型设计

玻璃瓶在包装容器中占有相当大的比例，其优良的物理特性和化学特性，以及来源丰富、价格低廉、比较耐用而又能回收再利用的特性，使其被广泛地运用到化妆品、食品、药品的包装上。玻璃瓶大多数呈圆形，但为了在造型上创新，也出现了有棱角的方形和异形瓶型，使得玻璃瓶更加具有趣味性和生动性。玻璃瓶的视觉美感主要体现在它的透明性、色彩性、柔和性和折射反光性上。无色透明玻璃宛如清澄之水，晶莹透明，有冰清玉洁之感，如高档香水瓶、酒瓶；有色玻璃所呈现出的颜色若隐若现，迷人夺目，尤其是将玻璃瓶磨砂或亚光处理，使冰冷的瓶子具有一种如同肌肤般柔和、滋润感，给人以朦胧、含蓄之美，常用在女性化妆品的容器设计中，令多少女性为之倾倒。日本"驹子"牌烧酒瓶，表面处理成白色的雾状，如同浮世绘美人的细腰，优美动人，给人柔和、优雅之感，让人一见就爱不释手，此酒瓶设计曾获国际设计展特别奖。

　　玻璃容器的使用已有上千年的历史，它是一种传统的包装材料，至今仍然活跃在最先进的领域。它可以像钢铁一样坚硬，也可以像丝绸一样柔软，是一种具有神奇功能的材料；它透明、坚硬、美观，拥有从包装酒到替换人体器官的不同功能，是一种万能材料。今天的人们赋予玻璃更多令人惊叹的形态和加工方法，使它拥有了出乎意料的用途。玻璃作为现代包装的主要材料之一，以其优良、独特的个性满足着现代包装的各种新的要求。

　　玻璃是一种通过熔合几种无机物得到的产物，其中主要成分是二氧化硅，属于硅酸盐类材料。玻璃容器是指用普通玻璃或特种玻璃制成的包装容器，被用于销售包装，主要用来制作存装酒、饮料、食品、药品、化学试剂、化妆品、文化用品的玻璃瓶、玻璃罐等，如图3-1和图3-2所示。

图 3-1　　　　　　　　　　　　　　　　　　　　图 3-2

1. 玻璃容器的种类

　　不同的玻璃有着不同的化学、物理属性，玻璃包装材料有普通瓶罐玻璃（主要是钙、镁、硅酸盐玻璃）和特种玻璃（中性玻璃、石英玻璃、微晶玻璃、钠化玻璃等）。常用的玻璃材料有以下几种。

　　（1）碱石灰玻璃（见图3-3）：最常用的工业玻璃，它通常无色，透光性能良好，化学性质不活泼，不会污染里面的储存物，因此，许多化妆品包装容器采用这种玻璃。但是它的热膨胀系数比较高，在向容器里注入热液体时易瞬间热膨胀，引起破裂。

　　（2）铝玻璃（见图3-4）：也被称为水晶玻璃，它的折射率很高，而且质地较软，容易碾磨、切割、雕刻加工。切割后的水晶玻璃比加工前亮两倍，用于制作高档的酒瓶、奖杯等，有很好的视觉效果，给人晶莹剔透的美感。

图 3-3

图 3-4

（3）硼硅玻璃（见图3-5）：热稳定性好，能抗热冲击，适用于化学工业实验室仪器、光学仪器领域，可用于制作袋装药剂的包装容器，也可用于制作烤箱器皿和其他抗热器皿。

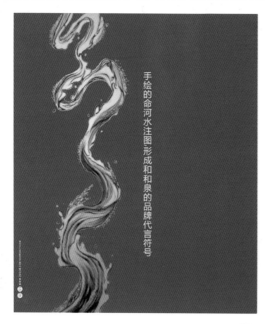

图 3-5

另外，还有特种玻璃、光学玻璃、密封玻璃等多种具有不同形态、不同种类、不同用途的玻璃，应用在几乎所有人类能触及的领域。

2. 玻璃容器的特点

（1）玻璃具有良好的保护性，不透气、不透湿，能防止紫外线的照射，化学性质稳定，无毒、无异味，有一定的强度，能有效地保存内容物。

（2）玻璃的透明性好，易于造型，具有特殊的美感，有很强的适应性，可制成品种、规格多样的造型容器。

（3）用于生产玻璃的原料资源丰富且便宜，价格稳定，易于回收利用、再生，不会造成污染，是很好的环保材料。

玻璃作为包装材料（见图3-6），也存在着不足之处：抗冲击强度低，碰撞时易破损，自身重量大，运输成本高，消耗大，不耐温度急剧变化等，这些缺点限制了其应用。

图 3-6

二、塑料容器造型设计

塑料瓶多为细口，常采用吹塑法成型。塑料容器可以是刚性或半刚性的，也可以是透明或半透明的，主要用于包装液体或半流体，如洗涤剂、化妆品、食品、饮料、调味品等。它具有质量轻、强度高、便于携带、不易破碎、耐热等特点，其柔韧性几乎超过其他所有的包装容器。塑料瓶具有一定的视觉美感，外观清澈明洁，表面光泽富有质感，有些塑料瓶可与玻璃瓶媲美。由于塑料能满足多种加工工艺的要求，因此塑料瓶具有多种形态的造型设计。

塑料自20世纪初问世以来，已发展成为除了纸以外，应用最广泛的包装材料。塑料是一种由人工合成的高分子材料，也是一种多性能、多品种的合成材料。塑料包装是指各种以塑料为原料制成的包装的总称。塑料是包装家族中的新成员，其效果独树一帜。

1. 塑料容器的种类

塑料的种类丰富多样，根据用途可分为工程塑料和日用塑料；根据塑料受热加工时的性能特点，可分为热塑性塑料和热固性塑料。包装使用的塑料多为热塑性塑料，它受热时可以塑制成型，冷却后固化并保持其形状。这种过程可以反复进行，并不改变其特性，因此用热塑性塑料制造的产品很容易回收再利用。目前我国塑料制品主要有六大类，即塑料编织袋、塑料周转箱、塑料打包带、塑料中空容器、塑料包装薄膜、泡沫塑料等。常见的塑料有以下几种：聚乙烯（PE）、聚丙烯（PP）、聚氯乙烯（PVC）、聚苯乙烯（PS）、聚酯（PET）、聚酰胺（PA）。

另外，还有用聚乙烯醇（PVA）制作食品包装，以充分利用其良好的气密性和保香性的特点；用聚碳酸酯（PC）制作电器绝缘材料；用酚醛塑料（PF）制作瓶盖、箱盒及盛装化工产品的耐酸容器或电器绝缘材料；用脲醛塑料（VF）制作精致的包装盒、化妆品容器和瓶盖；用密胺塑料（MF）制作食品容器等。

塑料容器造型设计如图3-7所示。

图 3-7

2. 塑料容器的特点

塑料因其独特的性能而被广泛应用于现代包装设计中（见图3-8）。

（1）塑料具有良好的物理性能，如一定的强度、弹性，抗拉，抗压，抗冲击，抗弯曲，耐折叠，耐摩擦，防潮等。

（2）塑料具有良好的化学稳定性，如耐酸碱、耐化学药剂、耐油脂、防锈蚀等。

（3）塑料本身很轻，能节省运输费用，属于节能材料，价格上具有一定的竞争力。

（4）塑料具有良好的可加工性，便于成型，而且样式丰富，可制成薄膜、片材、管材、带材，也可编织成布，还可用作发泡材料，可使用吹塑、挤压、泥塑、铸塑、真空、发泡、吸塑、热收缩、拉伸等多种新技术，创造出不同形态的新型包装容器。

（5）塑料具有良好的透明性、表面效果、印刷性和装饰性，在包装形象的视觉设计中具有良好的传达性和视觉效果。

图 3-8

塑料也有不足之处，如强度不如钢铁，耐性不及玻璃，长期使用易于老化，有些塑料还带有异味，有些塑料不易回收、降解，容易造成环境的污染。但随着科技的不断发展，人们开始重视新型塑料的开发，更多、更新的绿色塑料材料（如可降解塑料）被不断地开发出来用在包装上，如图 3-9 所示。

图 3-9

三、陶瓷容器造型设计

陶瓷瓶的历史相当久远，从中国古代开始就用陶瓷瓶来装酒和药，一直沿用至今，如中国名酒茅台酒就一直采用陶瓷瓶盛装。陶瓷瓶具有良好的物理特性和化学特性，经久耐用，成本低廉，取材方便，而且可以根据生产数量的多少，自如改变造型，便于上釉或彩绘，也便于生产加工成异形瓶型。陶瓷瓶的主要加工成型方式为压模式和铸浆式，个别特殊的瓶型可以手工制作。陶瓷瓶的造型丰富多彩、变化多样，能做成比较复杂的造型，其材料本身所具有的质感、肌理给人以亲切感，使人获得一份趣味盎然的视觉和触觉美感。在设计陶瓷瓶时，应注意瓶口的密封问题。由于有些程序必须用手工完成，因此不利于大批量生产。陶瓷瓶一般用于高档礼品和地方特产的包装。陶瓷包装容器还能唤起人们心中某种怀旧的心情，给人一种抚慰人心的舒适感。

1. 陶瓷容器的种类

陶瓷的品种、级别繁多，大量用于工业生产和日常生活领域，主要有粗陶瓷、精陶瓷、瓷器和炻器四大类。陶瓷包装如图 3-10 所示。

图 3-10

2. 陶瓷容器的特点

（1）陶瓷的化学性与热稳定性良好，能耐各种化学药品的侵蚀，在温度为 250 ~ 300℃时不开裂，耐温度的剧变。

（2）陶瓷材料非常坚硬，具有极佳的耐压强度，熔点高，易于延展和弯曲，可以推栓、压缩、模制、洗铸、打磨，也可以快速而简单成型，还可以非常精确和坚硬，并长久地保持其物理特性。

（3）陶瓷既可以抛光出非常光滑的表面，也可以制作出有肌理效果的表面。陶瓷的多样性和多功能性决定其可用于多种商品包装的开发。不同商品对陶瓷包装的性能要求不同，如用于制作高级酒瓶的陶瓷不仅要求其机械强度高、密封性好，而且要求其白度好、有光泽。陶瓷也有不足之处，它的刚性极强，容易破碎。在包装中运用陶瓷材料主要是考虑其化学稳定性和机械强度。今天，陶瓷材料的新用途在不断地被开发。

陶瓷容器造型设计如图 3-11 所示。

图 3-11

四、金属容器造型设计

金属也是一种传统的包装材料，早在春秋战国时期，就开始采用青铜器制作各种容器用来盛装食物和酒等，到南北朝时期，有了用银制作酒类包装容器的记载。随着科学技术的不断发展，金属的优良物理特性以及便于加工制造和工业化生产的特性，使得金属包装发展迅猛，金属材料被广泛地运用于销售包装和运输包装。

1. 金属容器的种类

金属的种类有许多，用于包装材料的金属可分为以下两大类。

（1）黑色金属：薄钢板、镀锌薄钢板、镀锡薄钢板等。

（2）有色金属：铝板、合金铝板、铝箔、合金铝箔等。

常用的金属包装材料有：薄钢板（黑铁皮）、镀锌薄钢板（白铁皮）、镀锡薄钢板（马口铁）、铝合金薄板、铝箔。

金属包装如图 3-12 所示。

图 3-12

2. 金属容器的特点

包装所用的金属材料主要为钢材和铝材，其形式为薄板和金属箔，薄板为刚性材料，金属箔为柔性材料。钢材和铝材作为包装用材，具有独特的优良特性。

（1）金属具有很好的物理性能，非常牢固，强度高，不易破损，不透气，能防潮、防光，能有效地保护内容物，用于食品包装时能达到长期保存的效果，便于储存、携带、运输、装卸，如用于午餐肉、沙丁鱼罐头等的包装。

（2）金属具有良好的延伸性，容易加工成型，制造工艺成熟，能连续自动化生产；给钢板镀上锌、锡、铬等，能有效地提高钢板的抗锈能力。

（3）金属表面具有特殊的光泽，能增加包装的外观美感，加上印铁工艺的发展，使得金属包装的视觉设计更显华丽、美观、时尚。

（4）金属易再生利用，用过的金属罐、盒等易于回收再利用，符合环保的要求。

金属材料在包装运用中也有不足之处，如应用成本高、能量消耗大、流通中易产生变形、化学稳定性差、易锈蚀等。

总之，金属这一朴实的材料给我们带来了许多惊喜，它不断地改变着我们的生活环境，提升着我们的生活质量，也散发着迷人的气质，赋予人们新的灵感。金属容器造型设计如图 3-13 所示。

图 3-13

五、复合材料容器造型设计

复合包装材料是将两种或两种以上的材料复合在一起，相互取长补短，形成一种更加完美的包装材料。复合包装材料被大量地用到现代包装之中，如食品、茶叶、化妆品的包装等。生活中常见的一些水杯、快餐盒就是采用轻便的复合材料制成的。

随着包装工业的不断发展，复合包装材料已形成一个大的家族，新成员不断地涌现，新功能不断地被开发研制出来，环保型、可生物降解的材料也不断地被开发利用。常见的复合包装材料有以下几种类型，如图 3-14 至图 3-19 所示。

（1）代替纸的包装材料：一种可以用来替代纸和纸板的材料，可通过热加工成型工艺来压制出各种形状的容器，可以进行印刷和折叠。该包装材料比纸和纸板更结实、耐用，有较好的防潮性，可以热封合，尺寸稳定，易于印刷精美的装饰图案。

图 3-14

图 3-15

图 3-16

图 3-17

图 3-18

图 3-19

（2）防腐复合包装材料：可以用来解决有些金属制品的防腐问题，外表是一种包装用的牛皮纸，其中一层是涂蜡牛皮纸，通过加进防腐剂，在金属表面沉积形成一层看不见的薄膜，在任何条件下都可保护内容物，防止其腐蚀。

（3）耐油复合包装材料：由双层复合膜组成，外层是具有特殊结构和性质的高密度聚乙烯薄膜，里层是半透明的塑料，具有薄而坚固的特点，无毒、无味，可直接接触食品。该包装材料不渗透油脂，不会黏着，应用很广，用它包装肉类，可以保持肉类原有的色、香、味。

（4）防蛀复合包装材料：一种将防虫蛀的胶黏剂用在食品包装材料上而成的复合包装材料，它可使被包装食品长期保存，不生蛀虫，但这种胶黏剂有毒，不可直接用于食品包装。

（5）特殊复合包装材料：一种特有的食品包装材料，可以使食品的保存期增加数倍。该包装材料无毒，是由明胶、马铃薯淀粉及食用盐等材料复合而成，可用于储存蔬菜、水果、干酪和鸡蛋等。

（6）易降解的复合包装材料：在新形势下开发出来的一种环保复合材料，可以生物降解，不造成污染，是今后材料发展的趋势。该包装材料是利用树木或其他植物混合而成的生物材料，质地轻脆，安全地替代了其他包装材料，如用土豆泥制作盛物盒、商品的内层包装等；也有用麻作物浆制成的包装材料，效率高，效果好。

六、其他材料容器造型设计

其他包装材料主要分为天然包装材料和纤维织品包装材料两大类。

1. 天然包装材料及其特点

天然包装材料（见图3-20）是指天然植物的叶、茎、秆、皮、纤维和动物的皮、毛等经过加工或直接使用的材料。在我国天然包装材料中，除了前面所谈过的木材外，运用最广泛、最普及的是竹子、藤、草类。尤其值得研究的是竹类包装，它是可持续再生的环保材料，应该进一步推行和运用。

图 3-20

1）竹类包装材料的种类与特点

中国是一个竹子使用历史悠久的国家，也是世界上第一竹资源大国，竹子的覆盖面积达 700 万公顷，生长着五族十二属共计500多种竹子。常用于包装材料的竹子就有上百种，如毛竹、水竹、苦竹、慈竹、麻竹、淡竹、方竹、大带竹等。有直接利用竹子制成包装容器的，如竹筒板、竹叶粽、水烟筒等；也有利用竹子制成板材的，如竹编胶合板、竹材层压板等；还有利用竹子编制成各种包装容器的，如竹筐、竹篓、竹箱、竹笼、竹篮、竹盒、竹瓶等。竹子具有良好的物理性能，能适应多种商品的形态与功能，其独特性和艺术性达到了相当高的境界。

竹子取之于自然，又回归于自然。竹子容易种植，而且再生速度快，适应性强，成材早，产量高，用途广，效益大，舒适性强，绿色效能好，文化含量高，是大众喜闻乐见的包装材料。竹子除了用作包装材料外，还可供建筑、家具使用，不仅是造纸的原材料，也是制作多种乐器必不可少的材料。竹子所延展的一系列工艺品更是闻名于世。

竹子具有良好的力学性能，它的耐力和抗弯强度特别优良，抗压、抗拉强度比木材好；它的弹性强、韧性好，具有干缩性和良好的割裂性；它的纤维长、纹路直，质地柔软、结实，表面光滑，色泽幽雅，还带有特别的清香，沁人心脾。竹子的优良特性决定了它能适应多种造型的加工制作，能做成多种包装容器与包装外盒。

竹子除了具有以上性能外，还具有其他功能，如竹林比树林有更好的杀菌力，竹子的中空结构使得气流更加流畅，而且具有良好的隔音效果。竹子从采集到制成成品的整个过程，几乎不会加重环境负荷，它可100%再循环、再利用，易于回收，对人体和环境不造成任何污染，是有益无害的绿色材料。因此，用竹子做包装材料非常适应我国国情，具有良好的开发前景。

2）竹类包装材料的文化内涵

中国人自古就爱竹、用竹、写竹、画竹，所以中国具有深厚的竹文化底蕴。在古代，竹就广泛地进入了人们的生活、饮食、生产、交通、建筑、医药、服饰、礼仪等领域，还与政令、军事、刑法等有关。一方面，生活中最常用的日常生活用具、家具、工具、玩具都是用竹制成的；另一方面，我们可以从中国的文字中发现，"竹"是汉字的一个部首，在甲骨文中就有6个带"竹"部首的字，在《康熙字典》中，带"竹"部首的字就有960个，大部分是有关乐器、竹器的文字。中国人对竹的喜爱程度可想而知。

竹子能散发出一种自然、清新的香气，因此常被使用在一些传统的土特产的包装上，如竹筒茶、竹筒饭等。还有用竹条编织的筐、篓等来包装食品的，如无锡油面筋、无锡小笼包、湖南松花蛋、四川泡菜等。

竹类包装如图3-21和图3-22所示。

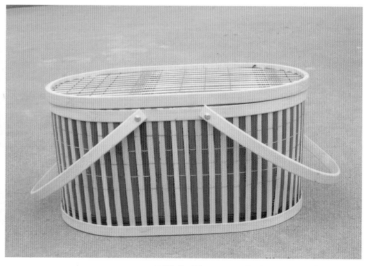

图3-21   图3-22

3）藤、草类包装材料的种类与特点

自然材料中，藤、草类植物作为包装材料应用相当广泛，其中常见的藤类包装材料有柳条、桑条、槐条、荆条及其他野生植物藤类，可用于编织各种筐、篓、箱、篮等；草类包装材料有稻草、水草、蒲草、麦秆、玉米秆、高粱秆等，可用于编织席、包、袋等，是价格便宜、一次性使用的包装材料。这些自然材料不会造成环境污染，充满自然气息，使人有一种回归自然的感觉。

自然材料的真实感、和谐感来自其天然的原始特性，具有永恒的魅力。在科技的作用下，自然材料原有的属性可以发生变化，焕发出新的价值，并给人们带来心灵上的启迪和精神上的愉悦。清代箬竹叶坨形茶包是选择生长在热带地区的箬竹上的宽大叶子，以横竖交错法将坨形普洱茶团包裹，最外层用竹篾围圈捆扎，并将竹篾两头拧合插入圈内以做扣结，紧束茶包，使茶包既牢固又增添了外形的美感。此包装可防潮、保鲜、耐磨损，能使茶团香味保留持久，是云南少数民族地区就地取材进行包装的一种方法，被包装的物品整体呈现出浓郁的民族特色，充满了异乡的审美观念与生活情趣，外在的质朴美与内在的保护性相得益彰，既经济又耐用，是自然材料运用于包装的典范。

过去，人们用草绳捆扎、包装大件物品，用绳子的编织和捆法构成全面保护的包装，同时这种包装又可以看到内装物，以免内装物发生盲目碰撞，如用稻秸捆裹包装瓷器。

藤、草类包装如图 3-23 和图 3-24 所示。

图 3-23

图 3-24

2. 纤维织品包装材料及其特点

1）棉、麻织品包装材料的种类与特点

棉、麻织品包装材料主要是布袋和麻袋。布袋是用棉布制成的包装袋，其布面较粗糙，手感较硬，但耐摩擦，断裂强度高，主要用于装面粉等粮食制品和粉状物品，在古代被用来装中药。布袋的种类有多种，如粗布袋、细布袋。为了防止有的布袋受潮、渗漏和污染，会在袋内衬纸袋或塑料袋。布袋还能用于制作包袱状的包装形式，日本就有用布袋包酒的包装形式，也有做礼品包装的。

麻袋是用麻纤维纺织成麻布而制成的包装袋。麻类品种主要有黄麻、洋麻、大麻、青麻、罗布麻等，野生麻中可用于包装材料的种类也有很多。麻袋按照所装物品的颗粒大小分为大颗粒袋、中粒袋和小粒袋；按所装物品的种类可分为粮食袋、糖盐袋、畜产品袋、农副产品袋、化肥袋、化工原料袋、中药材袋等。以各种野生麻、棉秆皮为原料织成的包皮布可替代麻布。

布袋和麻袋的封口方法主要有缝口法和扎口法两种，既可以机械缝口，也可手工缝口。

棉、麻织品包装如图 3-25 和图 3-26 所示。

图 3-25

图 3-26

2）人造纤维、合成纤维包装材料的种类与特点

用于制作包装袋的人造纤维主要有粘纤、富纤。粘纤是指人造棉布，其强度不如棉布，缩水率大；富纤是在人造棉布的基础上经合成树脂处理的人造棉布，其强度较高。合成纤维与塑料一样，均属于高分子聚合材料，主要有涤纶、锦纶、丙纶、脂纶、维纶等。作为包装材料，合成纤维具有结构紧密、不透气、不吸水的特点，主要用于制作包装布、袋、帆布、绳索等。合成纤维的缺点是耐光性、耐热性差，易产生静电。合成纤维在包装中既可全部运用，也可局部运用，或做礼盒内衬。人造纤维、合成纤维包装如图 3-27 所示。

图 3-27

第二节　容器造型设计的原则

一、符合商品特性的原则

包装容器（见图3-28）所盛装的商品，其形态有液体、气体、固体、粉状、颗粒等，其特性有怕压挤或不怕压挤、易挥发或不易挥发等。容器的包装设计材料也具有不同特性，坚硬的、柔软的、易碎的、不易碎的、耐水的、不耐水的、透明的、不透明的等。

不同的商品有着不同的形态与特性，对于包装设计材料和造型的要求也不尽相同，针对这些要求，需要分别采用不同材料、形状、特点的容器。比如具有腐蚀性的商品就不宜使用塑料容器，而最好使用性质稳定的玻璃、陶瓷容器；有些商品不宜受光线照射，就应采用不透光或透光性差的材料；再如啤酒、碳酸类饮料等商品具有较强的膨胀气体压力，因此容器应采用圆柱体外形，以利于膨胀力的均匀分散。

图 3-28

此外，还要考虑材料的印刷性与装饰性、加工条件、材料来源、价格、生产加工费、商品的档次、材料与内装物价值是否相称等因素。"海维林"酱油的包装设计根据商品自身的价值及档次，采用无毒的塑料作为瓶体材料，既很好地保护了商品，又与内装物价值相衬。

二、符合使用便利性的原则

携带和开启方便的包装设计（见图3-29）要比很难开启的包装设计更受消费者的青睐，而符合使用的便利性是建立在设计者对商品特点、使用情况的充分了解的基础上。如化妆品中的香水瓶，每次用量较少，所以多数都是小瓶口。日用化学品、食品等的容器造型设计根据使用情况及容量的不同，对整体造型的处理也不同，应分别根据商品的特点，使容器在消费者携带和使用过程中充分地体现出便利性，如现在市场流行的易开罐、易开瓶、喷雾装置等。

图 3-29

三、符合视觉与触觉美感兼顾的原则

容器造型形态与艺术个性（见图 3-30）是吸引消费者的重要因素。人们对包装容器造型设计的要求已超出物质需要的范围，很多容器以美感需求为第一出发点，以此来满足人们的心理需求，如高档的化妆品容器等。包装容器的大小要符合人机尺度和审美要求，材料要符合功能与性质需要，触觉要舒适，使用要方便，要符合使用者的生理及心理需求等。

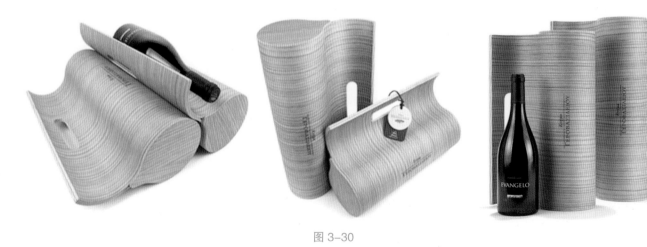

图 3-30

四、符合加工工艺可行性的原则

设计者应该了解不同材料的特性及加工工艺特点，使设计符合批量生产的工艺加工制作要求，符合模具开模、出模的方便和合理性，避免一些好的造型无法生产或成本增加。护发系列商品与香水的包装容器的整体造型以几何形体为主，前者简洁、流畅、圆润，后者棱角分明，分别体现了不同的设计风格，其造型特征也分别符合塑料与玻璃的加工工艺性，如图 3-31 所示。

图 3-31

五、符合便于商品运输和储存的原则

包装容器的造型结构（见图 3-32）要科学，尽量合理地压缩包装容器的体积，这样既可以节省材料，又可以减少运输、仓储空间，减少费用支出。在考虑单体包装设计的储存和工艺造型美感的基础上，还要充分考虑装箱和批量运输的方便性。

图 3-32

六、符合生态与环保要求的原则

近几年来，绿色包装设计、生态包装设计（见图 3-33）已成为各国包装设计界共同追求的目标。考虑回收再利用及废弃物处理、减少对环境的污染是人们关注的焦点，也是今后包装设计发展的重大课题。包装容器需从材料、造型上考虑回收的方便，销毁的便利及对环境不造成物理、化学等方面的污染、破坏，如废弃易拉罐压扁后回收，纸箱、纸盒折叠后回收。

图 3-33

第三节　包装容器造型设计的程序与方法

包装容器造型设计的工作流程一般是设计定位、草图设计、深入设计与效果图表达、模型制作、结构与工艺图绘制等。

一、设计定位

首先应了解客户的要求，如商品档次，销售对象及竞争对手，商品的销售地区、销售方式、材料、生产工艺等方面情况，从生产企业、商品本身、消费者三方面进行市场调研、资料收集与综合分析，从而得出准确的设计定位。

二、草图设计

在得出设计定位之后，就进入草图构思阶段。在这个构思由抽象化、概念化向具体化发展的过程中，设计者应充分扩展思维，尽量多地进行草图构思及草图绘制，可用软铅笔勾画出不同形体的速写或素描草稿。

三、深入设计与效果图表达

在深入设计阶段，从设计草图中选出三至五个方案进行深入地表达，要求尽可能真实、准确、清晰、完整地表达出体面的转折起伏关系以及所选材质、色彩的最终成品效果。对于设想效果图的表达，在工具上可以使用铅笔、钢笔起稿，用水彩、色粉和马克笔等进行着色；技法上可以使用喷、画或喷画结合，也可以用电脑绘制（使用三维设计软件或其他方法），要求尽可能地表达出制成后的真实效果。

四、模型制作

草图设计与效果图表达毕竟是一种虚拟的技术，对容器造型体面和空间的处理难免有不具体和不完善之处。因此，在初步设计定稿之后，还需要制作等比例的立体模型，然后再加以推敲和验证，检验一下容器是否符合人机工程学的要求，还可以调整平面图纸与立体实物的视觉误差，核实商品的容量。目前我们常用的制模材料有石膏、泥料、木料、有机玻璃、尼龙、塑料板及一些金属材料，简单的几何形体大多以石膏完成。

应用石膏制作模型时，一般采用的工具主要有木刻刀、石刻刀、锯条机、乳胶、砂纸等，采用的制作方法主要包括直接塑型法、转台塑型法、翻模塑型法等。采用直接塑型法可制作形体复杂的包装容器模型，如表面有浮雕纹样的，可以用泥料雕塑；有些以块面为主的小体积模型，则可用有机玻璃或塑料板黏合成型。

五、结构与工艺图绘制

结构与工艺图（见图3-34）绘制包括以下几个步骤：首先根据几何投影的原理，画出正、俯、侧立面三视图；

接下来为了表现内部结构，要画出剖视图，剖视图可以与立面图画在一起；最后要在设计图上标注尺寸，特别是几个主要的大尺寸，标注尺寸的方法要按照国家标准制图技术规范，更详细的尺寸可以在制作图上（模具设计图）标注出来。

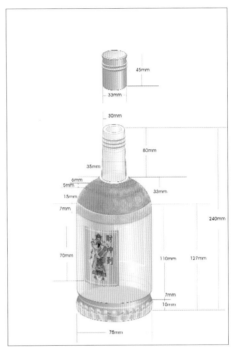

图 3-34

本章要点

　　本章重点论述的内容是包装容器造型设计的原则及要求、包装容器的设计方法和设计程序。

练习与思考题

　　1.用抽象形态设计、制作一个包装容器实物模型（可从香水、酒或饮料的瓶型设计入手）。要求容器造型有较强的视觉美感，能较好地反映商品的属性。

　　2.用仿生法设计、制作一个包装容器，并用电脑制作出立体效果图或做出模型。

BAOZHUANG SHEJI

第四章

包装品牌塑造的设计元素

本章通过对包装品牌塑造的设计元素的学习，使学生了解包装设计中品牌塑造的设计元素的类型与特征，掌握包装设计中文字、图形、色彩的设计原则及设计表现方法，通过视觉化的设计元素表现包装的设计主旨及情感作用。

［了解］包装品牌塑造的设计元素的类型与特征。

［理解］包装品牌塑造的设计理念。

［掌握］包装设计中文字、图形、色彩的设计原则及设计表现方法。

设计的成败取决于设计构思与形式表现两个方面。设计构思决定了设计的方向和深度，形式表现则是设计构思的具体体现。

在包装设计中，形式具有相对的独立性。例如，同样的商品可以用纸盒包装，也可以用铁盒包装；商品形象可以用绘画来表现，也可以用摄影来表现，甚至可以通过透明的材料和包装的开窗来表现等。正因为如此，包装设计才得以千变万化、多姿多态。

平面设计表现形式的基本原理和基本方法是包装设计必须掌握的基础知识，但在具体应用中还必须考虑商品包装的特殊形式和内容要求，力求形式与内容的完美统一。材质美、工艺美是包装设计的形式美中不可忽略的一个组成部分。材料与工艺是包装的物质基础，是实现包装的各种功能的先决条件。随着科学、经济、文化的发展，材料与工艺的重要性越来越突出。

第一节　包装设计元素——图形

包装设计元素中的图形是具有直观性、有效性、生动性的丰富表现力及标明个性的形象化语言，是构成包装视觉形象的主要部分。在激烈的市场环境竞争中，商品除了具有功能上的实用和品质上的精美的特点外，其外包装更应具有对消费者的吸引力和说服力，凭借图形的视觉影响效果，将商品的内容和相关信息传达给消费者，从而促进商品的销售。通过介绍图形在传达商品信息中的重要性及其基本原则，进而对图形的表现形式与方法进行分析，这对于正确认识图形、指导设计实践具有重要的现实意义。

图形作为包装设计的要素之一，具有强烈的感染力和直截了当的表达效果，在现代商品的激烈竞争中扮演着重要的角色。图形作为包装设计的语言，就是要把形象（主要指商品的形象和其他辅助装饰形象）的内在、外在的构成因素表现出来，以视觉形象的形式把信息传达给消费者。

一、图形的分类

图形设计的内容范围很广，按其性质可分为以下几种。

（1）商品形象：包括商品的直接形象和间接形象。直接形象是指商品自身的形象，间接形象是指商品使用的原料的形象，如图4-1所示。

图4-1

（2）人物形象：人物（动物）形象是以商品的使用对象为诉求点的图形表现，如形象代言人等，如图4-2所示。

（3）说明形象：以图文并茂的形式给消费者更清晰、生动的注解，如图4-3所示。

图4-2

图4-3

（4）装饰形象：为了让包装产生极强的形式感，常选用抽象或有吉祥寓意的装饰形象，用来增强商品的感染力，如图4-4所示。

图4-4

（5）图形标志：以精练的艺术形象来表达一定含义的图形或文字的视觉符号，它不仅为人们提供了识别及表达的方便，而且具有沟通思想、传达明确的商品信息的功能，还担负着传播企业理念与企业文化的重任，并能与各种媒体相适应，成为现代商业市场品牌的代言人，如图4-5所示。

图 4-5

图形在视觉传达过程中具有迅速、直观、易懂、表现力丰富、感染力强等显著优点，因此在包装设计中被广泛采用。图形的主要作用是增加商品形象的感染力，使消费者产生兴趣，加深对商品的认识、理解，产生好感。在包装设计中，图形要为设计主题、塑造商品形象服务，要能够准确传达商品信息和消费者的审美情趣。常用图形有两种：一种作为主体形象来表现设计主题；另一种作为辅助形象来装饰、渲染设计主题，以增加艺术气氛。图形根据具体形式表现可分为具象图形、抽象图形、意象图形三种基本类型。

① 具象图形：客观对象的具体塑造形态，通常采用绘画手法、摄影写实等表现商品的形象。设计师可以根据包装的定位进行平面设计，为商品服务。摄影写实与绘画手段相比，具有表现真实、直观的特点，但对商品的艺术表现性较为欠缺。通常设计商业味道较浓的包装时，习惯采用摄影的手法传达商品形象；设计文化味道较浓的包装时，通常采用绘画的手法传达商品形象，如图4-6所示。

图 4-6

② 抽象图形：由抽象图形构成包装视觉效果是现代包装设计的一种流行趋势。使用抽象图形设计的包装，常会使人产生一种简单、理性、紧密的秩序感，从而产生一种强烈的视觉冲击力。

在运用抽象图形时，首先要注重画面的外在形式感，可运用基本形的重复、近似、渐变、突变、发射、密集、打散、对比等组织方法，表现出不同风格的图形，以展示画面的形式美；其次要注重该图形给人带来的丰富想象，以确保消费者在理解抽象图形的含蓄表达的同时，间接地掌握商品的特性，如图4-7所示。

③ 意象图形：从人的主观意识出发，利用客观物象为素材，以写意、寓意的形式构成的图形。意象图形有形无保，讲究意境，不受客观自然物象的形态和色彩的局限，采用夸张、变形、比喻、象征等方法，给人以赏心悦目的感受。中国传统图案中的龙纹、凤纹，外国的希腊神话故事图案，埃及古代壁画图案等均是意象图形。

借用传统意象图形切不可硬搬照抄，应从时代性的审美角度出发，要有所取舍、有所变化，更要有所创新，这样才会产生出奇特的视觉诱惑力，如图 4-8 所示。

图 4-7

图 4-8

在设计表现中，具象图形、抽象图形、意象图形这三种图形可以结合应用。电脑设计的图形表现把这三种图形融洽地结合在一起，创造出一种新的视觉传达语言。此外，还可以借助生产工艺中的烫金、印金、凹凸压印、上光、模切等手段来丰富图形的表现，如图 4-9 所示。

图 4-9

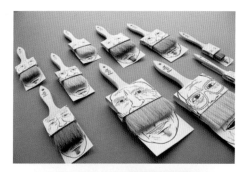

续图 4-9

二、图形在包装上的传达特征

1. 直观性

文字是传播信息的局面形式，是记录语言的符号，如果不了解这种符号的规律，则看了也不解其意。比如英文在包装设计上受地域性局限，对某些人来说，英文只是一群文字排列而已，不能意会到任何内容，无法产生任何感情，但如果用图形来表达，却能使不同地区的人对图形所载的信息一目了然。图形是一种有助于视觉传播的简单而单纯的语言，这种直观的图形仿佛是真实世界的再现，具有可观性，使人们对其传达的信息的信任度超过了纯粹的语言。如在商品外包装用一些非常逼真的图形，便可生动地展现商品的优秀品质，其说服力远远超过了语言，如图 4-10 所示。

图 4-10

2. 情趣性

语言文字符号能准确传递信息，但是难免给人以生硬冰冷之感（此种说法排除书法），而图形在传递信息时是以情趣性见长，使人在接受信息时处于一种非常轻松愉快的状态。

商品包装（见图 4-11 至图 4-13）中的图形设计可采用拟人化手法来表达人情味，也可采用夸张手法将视觉形象艺术地夸大或缩小，还可通过卡通图形使商品特征更加鲜明、典型且富有感情。设计师强烈的主观精神使包装形态得到改变，从而创造出理想的形式美和情趣性，使消费者被图形表达出来的情趣性所吸引，产生购买欲望。

图 4-11　　　　　　　　　　　　图 4-12　　　　　　　　　　　　图 4-13

3. 可知性

可知性是指在商品包装设计中，图形的建立能准确地传递出被包装物的信息，使消费者可以从图形中准确地领悟到所传达的意义，而不会造成误读的现象，如图 4-14 所示。

图 4-14

4. 吸引性

吸引性是包装图形设计的主要目标。图形设计的成功与否，关键在于能不能吸引消费者的注意，使其产生购买欲望。在琳琅满目的包装物中，消费者究竟如何选择涉及信息传递以及消费者如何接受等问题。一般来讲，人的眼睛是获取外界信息的重要器官。实践证实，70%的外界信息是通过人的眼睛获取的。人的眼睛不仅能接收文字信息，更能直接从图形形象中获取信息。眼睛所看到的图像、感觉（信息）经过大脑整理后补充不必要的刺激，将知觉集中在图形刺激上，即产生了视觉认识的特性。

影响人们在包装上的视觉的因素包括客观心理及主观心理。注意人的心理活动对图形或其他事物的指向和集中，这种指向和集中使人们能清晰地反映现实中的事物。在包装图形设计中，要利用各种创意和手段产生新奇和刺激，使包装形象能迅速地渗入潜意识，促使人们不知不觉进入到注意、兴趣、欲望、比较、决策及购买的过程中，如图 4-15 和图 4-16 所示。

图 4-15

图 4-16

图形在包装视觉认识上的特性主要是利用错视、图与背景处理手法来实现的。错视是利用图形构成设计变化来引起观者在感觉阶段上的情绪心理活动。把圆点放在上方，则力量提升，放在下方，则重心下降，有稳重感；把点分放在画面两边，则动感加大。这种错视效果能够达到图形在包装感受设计上的视觉假象的效果，顺应消费者的视觉感受，如图 4-17 和图 4-18 所示。

从视觉心理学上讲，包装设计形象为图形，其他部分则称为背景。图形应是对视网膜形式的需要，这种需要使图形部分变成背景，背景变成图形。

图 4-17

图 4-18

5. 一致性

包装设计的目的是保护和促销商品。包装图形的建立与一般的平面设计有所不同，它要考虑四面八方的效果。若是圆形包装的图形设计，则要考虑其连续性，以满足商品展示、陈列的需要；若是直式的包装盒与横式的包装盒的图形设计，则要使它们展示时产生另一种效果，使每一个包装仍然是完整的；系列包装的图形设计主要改变包装大小、造型和结构，统一图形设计，造成既具有整体性又有视觉特性的效果，如图 4-19 所示。

图 4-19

三、图形在包装上的表现元素

图形设计的最终目的是以形象来传递信息。通过对代表不同词义的形象进行组合而使含义连接，进而构成完整的视觉语句，传达完善的信息。因而，在创意的过程中必须考虑如何以形达意的问题，努力创造出一种与想象相一致的、能有效传播信息的、新颖的外在形式。由于一个完整的视觉语句主要由形象元素组织构成，所以在图形的形式创造中，首先要注意的是收集与整理所需的表现元素，然后再将这些元素构建成完美的视觉语句。

唯有独特的设计表现元素才能构成独特的视觉语句，才能成为一件新颖的设计作品。包装图形所运用的表现元素一般分为四个方面：线形、面形、纹理形、摄影形。

线形是依靠明确的笔线组成形象，主要包括尖锐的、宽和的、硬朗的、朦胧的、粗细均一的形象设计，如图 4-20 所示。

图 4-20

面形是借各种面的邻接、叠合构成形象的，主要包括大面造形、大小面对比造形、小面刻画形、色彩透叠面形等形象设计，如图 4-21 所示。

图 4-21

纹理形是利用不同纹理刻画并区分不同的面，主要包括利用不同的点线排列成干笔画法、捶印，利用布料、金属网版、皮革、塑料质感效果来塑造形，利用报纸、杂志、图纹印刷媒介物来塑造形，利用印刷网版技巧来构造形等，如图 4-22 所示。

图 4-22

摄影最大的功能是能够真实、正确地再现商品的质感及对形状的静态表达，能够表现瞬间捕捉到的动态形象，如图 4-23 所示。包装图形与商品之间具有相关性才能充分地传达商品的特性，否则包装图形就不具有任何意义，不能让人联想到是何东西，不能期望它发生何种效果，那将是设计师的最大败笔。什么样的商品包装、需要什么样的图形模式应根据商品的特性而定，像罐头食品、蛋糕、玩具、家用电器等使用摄影图形为宜，药品、香烟、清洁用品等使用线形、面形、纹理形等抽象图形为宜。

图 4-23

四、图形在包装上的运用模式

为了使顾客能直接了解商品包装的内容物，必须以图形的形式再现商品，以便对消费者产生视觉需求，通常使用方法有具象图形、半具象图形、抽象联想图形及包装结构的合理利用设计。如食品等商品的包装设计，为了表现美味的真实性、可视性，往往将商品实物的照片设计在包装盒上，以便加深购买者对商品的鲜明的印象，增加购买欲。半具象图形则利用简化的图形设计睹物思情，可以使人看到此图形就联想到包装盒内存放的食品，如奶粉的包装在图形上应用牛的形象，橙汁的包装就可以在包装上使用橙子的图像。这些都是为了加强消费者对商品的印象，利用联想的方式让消费者认知商品。抽象图形不具有用感性所能模仿的特征，它是对事物和形态有了更深一层的认识后再转化的图形，所以不涉及一个具体的形象。在味觉商品、化妆品方面的包装设计中常运用此类图形，如图 4-24 所示。

图 4-24

图形在包装设计中的地位是不可估量的，它是设计中最重要的视觉造型要素，是商品广告策略的需要。商品包装图形的建立应该符合商品认识的特征，从而满足人们的心理和视觉的需求，如图 4-25 所示。总之，一切优秀的、富有创意的图形设计都是设计师以外部世界及设计本身的情感体验为基础的。因此，不同的设计师在其长期的设计过程中，会形成一整套个性化的设计语言，在图形色彩的选择和搭配方面、图形形态和样式的创造方面，会表现出明显的个人特色。

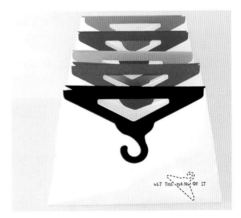

图 4-25

续图 4-25

◇

第二节　包装设计元素——文字

◇

文字在包装设计中可以分为主体文字和说明文字两个部分。主体文字一般为品牌名称或商品名称，字数较少，在视觉传达中处于重要位置。主体文字要围绕商品的属性和商品的整体形象来进行选择或设计。说明文字的内容和字数较多，一般采用规范的印刷标准字体，所用字体的种类不宜过多。说明文字设计的重点是处理字体的大小、位置、方向、疏密的设计，协调与主体图形、主体文字和其他形象要素之间的主次与秩序，达到整体统一的效果。说明文字通常安排在包装的背面和侧面，而且还要强化与主体文字的大小对比，通常采用密集性的组合编排形式，可以减少视觉干扰，以避免喧宾夺主，杂乱无章（见图 4-26）。

图 4-26

在包装设计中，文字设计以迅速、清晰、准确地传达视觉为基本原则，以采用标准的、可读性和可认性很强的文字为主，不要进行过多的装饰变化。如果把文字当作设计的主体形象来运用时，对文字可以进行适度的变体处理，注意强调形象的表现作用，力求醒目、生动，并突出个性特征，使其成为塑造商品形象的主要形象之一；如果把文字当作辅助图形来运用，在设计中仅起装饰作用时，文字的作用已转换为图形符号，其可读性和可认性均可忽略，而只注重于艺术装饰效果，这是应该另当别论的。

一、包装设计中文字的设计原则

设计文字的目的是要使文字既具有充分传达信息的功能，又与商品形式、商品功能、人们的审美观念达到和谐和统一，一般可根据以下几个原则进行设计。

1. 要符合包装设计的总体要求

包装设计是造型、构图、色彩、文字等的总体体现，文字的种类、大小、结构、表现技巧和艺术风格都要服从总体设计，要加强文字与商品总体效果的统一与和谐，不能片面地突出文字，如图 4-27 和图 4-28 所示。

图 4-27　　　　　　　　　　　　　　　　　　　　　　　图 4-28

2. 要结合商品的特点

包装文字是为美化包装、介绍商品、宣传商品而选用的。文字的艺术形象不仅应有感染力，而且要能引起联想，并使这种联想与商品形式和内容取得协调，产生统一的美感，如有些化妆品用细线体突出牌名与品名，能给人以轻松、优雅之感，如图 4-29 所示。

图 4-29

3. 应具有较强的视觉吸引力

视觉吸引力包括艺术性和易读性,前者应在排列和字形上下功夫,要求排列优美、紧凑、疏密有致,间距清晰又有变化,字形大小、粗细得当,有一定的艺术性,能美化构图。易读性包括文字的醒目程度和阅读效率,易读性差的文字往往使人难以辨认,削弱了文字本身应具有的表达功能,缺乏感染力,令人疲劳。一般字数少者,可在醒目上下功夫,以突出装饰功能;字数多者,应在阅读效率上着力,常选用横划比竖划细的字体,以便于视线在水平方向上移动,如图 4-30 和图 4-31 所示。

图 4-30

图 4-31

4. 字体应具有时代感

字体能反映一定的年代,若能与商品内容协调,会加深消费者对商品的理解和联想。如篆体、隶体具有强烈的古朴感,能够显示中华民族悠久的历史,用于西汉古酒、宫廷食品等的包装就很得体,而用于现代工业品,则与商品的现代感大相径庭,此时应用现代感较强的字体,如等线体、美术字等就很协调,如图 4-32 所示。

图 4-32

续图 4-32

5. 选用文字种类不能过多

一个包装画面或许需要几种文字，或许中、外文并用，一般文字的组合应限于三种之内。过多的组合会破坏总体设计的统一感，显得烦琐和杂乱；任意的组合则会破坏总体设计的协调与和谐，如图 4-33 所示。

6. 文字排列尽量多样化

文字排列是构图的重要部分，排列多样化可使构图新颖、富于变化。包装文字的排列可以从不同方向、位置、大小等方面进行考虑，常见的排列有竖排、横排、圆排、斜排、跳动排、渐变排、重复排、交叉排、阶梯排等多种。排列多样化应服从于整体，应使文字与商标、图案等互相协调，使之雅俗共赏，既有新意又符合大众习惯，如图 4-34 至图 4-36 所示。

图 4-33

图 4-34

图 4-35

图 4-36

二、包装设计中文字的呈现形式

文字设计是视觉传达设计中一个非常专业化的领域，它具有两方面的特点：其一是人对文字造型的感受要比对一般图的感受细腻得多，与图形选择相比，字体被规定的范围要狭窄得多；其二是文字源远流长，多少个世纪的历练与琢磨使得每个字不仅意义充实，同时具备了优美的形象和艺术境界。

1. 表象装饰设计法

表象装饰设计法是将词语或字的笔画进行处理而得到装饰的方法。该方法能够很直观地告诉消费者商品的特征，给消费者带来了便利，如图 4-37 所示。

图 4-37

2. 意象构成字体法

意象构成字体法又称意象变化字体图形法，其特点是运用文字个性化的意象品格，将文字的内涵特质通过视觉化的意象品格和表情传神构成自身的趣味，通过内在意识和外在形式的融合，一目了然地展示其感染力。该方法渗透了现代设计的思想，赋予文字由内而外的强烈意念，通过丰富的联想，别出心裁地展示了浪漫色彩变化的意象文字，如可口可乐公司的罐装的包装字体设计，如图 4-38 所示。

图 4-38

波浪形的汉字字体与英文字母结合，从视觉的统一到概念的统一，深刻地向消费者传递了一种包装文化，中西合用，让消费者耳目一新。

三、包装设计中文字的组合运用

文字是包装设计中进行直接、准确的视觉传达的媒体。在包装设计中，文字与色彩、图形的组合不但可以提高信息传达的效率，也能增强商品的视觉感染力。

文字的重叠、重复、透视、放射、渐变等形式将会在视觉上给人特殊的效果，例如可口可乐的汉字字体的处理使文字看起来更生动、有趣，更有视觉冲击力和可行性。如果在包装设计中使用图形与文字相组合的形式，那么画面更具有说服力，将文字的内涵与外在的形式相结合，展示商品的诱惑力，吸引更多的消费者。例如，舒肤佳香皂的汉字字体与盾牌形背景图案的结合体现了商品的安全理念，有强烈的设计内涵。舒肤佳香皂的包装文字设计如图 4-39 所示。

图 4-39

四、包装设计中文字设计的应用原则

1. 人性化原则

基于人性化的理念来审视包装造型设计过程中的文字设计，无论内包装或外包装、单个包装或集合包装，都是以方便人的使用为原则的，即需要以人体工学的研究为基准。对诸如销售包装物的便于开启、抓放、拿捏、倾倒、封闭等，运输包装物的便于装卸、抬放、搬运等进行科学合理的设计时，可以用文字提醒消费者。同时，包装文字设计也必须以人的视觉特性为基准，要便于阅读、识别并获取信息，便于吸引消费者的注意力并与人们的审美趋向相统一，如图 4-40 和图 4-41 所示。

图 4-40

图 4-41

2. 生态意识、环境保护原则

在包装设计中，文字设计也要遵循生态原则，给读者以保护环境、绿色生活的理念，如图 4-42 所示。

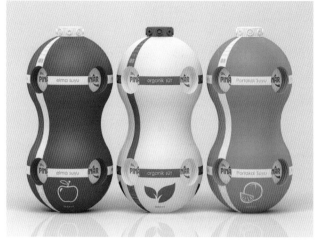

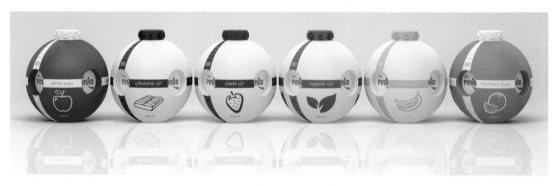

图 4-42

3. 简约原则

简约设计原则就是减少或优化视觉装饰要素，即主次分明、以少胜多地让视觉空间或紧凑，或灵动，或轻松地形成愉悦而更富有想象与思考的空间。简约并不等于简陋或简单，它体现在包装设计上就是使用最普通的材料、最简单的工序、尽量少的印刷，设计出最简洁的造型、最方便实用的包装方式。把简约主义的设计原则应用到包装设计中，通过改善包装与人之间的关系，使得包装给商品带来"好人缘"，如图 4-43 所示。

图 4-43

续图 4-43

4. 审美化原则

艺术方式的审美法则是人类通过长期艺术实践和视觉审美总结出的规律性法则，是从大量具体的美的形式中提炼、概括出来的形式美的规律。在包装造型设计中，利用造型设计语言，在艺术审美法则的指导下，追求一种空间的、动感的、有趣味性的造型，将通俗的美学观念通过包装形态和装潢予以实现。对包装造型设计的艺术美的探讨，就是要突破固定的美的表现形式，将美学的规律和观念通过包装的各种要素予以表达，塑造技术与艺术相统一的审美形态，如图 4-44 所示。

图 4-44

5. 创造性原则

创造性的设计实际上也是"应时而变、不断创新"的命题。艺术随时代而嬗变，不同时代的包装设计是由其所处时代的新材料、新结构、新形态、新工艺、新文化、新风格等综合要素共同体现的。一项新创造或新发明往往都是在一定的条件下产生的，而且它的成果又成为后人创造的基础。创造是无限的，是知识进化和文明进步的源泉。从人类历史的发展来看，包装本身就是人类物质文明和精神文明进步的综合性创造。因此，在包装造型设计的"文化亲和力"的探索与实践中，创造性设计也就成为包装繁荣发展的重要前提和原则之一，如图 4-45 所示。

图 4-45

五、包装设计中文字设计应该注意的问题

在包装的文字设计中，设计要点应围绕以下几点去考虑。

1. 注意文字的识别性

文字的基本结构是几千年来经人们创制、流传、改进而约定俗成的，不能随意改变。因此文字结构一般不做大的改变，而是多在笔画方面进行变化，这样文字才能保持良好的识别性，使用于大众。例如，对于大家不熟悉的篆书、草书的应用，为避免不易看懂，可适当地进行调整，使之易为大众看懂，而又不失其味。现今的包装设计的内容的变化及形式的转化非常之快，文字设计必然顺应潮流、不断创新，特别是那些标题性的大字在包装上尤为突出，因此对文字独特的识别性不可忽视，如图 4-46 和图 4-47 所示。

图 4-46

图 4-47

2. 突出商品属性

一种有效的文字设计方法是根据商品的属性，选择某种文字作为设计蓝本，从各种不同的方向去揣摩、探

索，尽可能展示各种可能性，并根据商品特性来进行造型优化，使之与商品紧密结合，更加典型、生动，突出地传达商品信息、树立商品形象、加强宣传效果。另一种有效的文字设计方法是使文字设计具有艺术性，包括使文字设计具有独特的识别性和传达商品信息的功能，以及具有审美的艺术性。在设计中应善于运用优美的形式法则，让文字造型以其艺术魅力吸引和感染消费者，如图4-48所示。

图4-48

3. 注意整体编排形象

包装中的文字设计除了本身造型之外，文字的编排与设计是体现包装形象的另一个因素。编排处理不仅要注意字与字、行与行的关系，以及对包装上的文字编排在不同方向、位置、大小方面进行整体考虑，使之形成一种趋势或特色，而不会产生支离破碎、凌乱的感觉，同时要注意同一内容的字、行应保持一致。包装设计中的文字属性及设计变化主要是由中文字和外文字来体现的。

中文字主要指汉字。我国的汉字历史悠久，字体造型富有变化。从历史来看，汉字起源于象形文字，主要有小篆、隶书、楷书、草书和经过简化的现代文字；从艺术特征上看，大篆粗狂有力，小篆匀圆柔婉、风流飘逸，隶书端庄古雅，楷书工整、秀丽，行书仙桥爽朗，草书活泼飞动、会杀自如，在经过简化的汉字中，老宋字形方正、横溪真粗，笔画起落转折明确，造型典雅工整，仿宋笔画粗细均匀，起手笔顿挫明显，风格挺拔秀丽，黑体笔画粗细相等，有装饰线脚，粗狂、醒目、朴素大方，变体字风格多样，千变万化，以商品的属性为识别特征，独具风格。这些字体构成了包装设计中的生动的语言信号，在设计中，运用不同的字体可以表现不同的商品特征、传达商品信息并取得良好的效果，如图4-49和图4-50所示。

图4-49

图4-50

外文字主要指拉丁文字。拉丁文字起源于图画，字体经过了复杂的演变、分化过程，才形成了今天各种不同风格的字体。拉丁文字形体简练、规范，便于认读和书写。从艺术特征上看，老罗马字体笔画粗细变化，字端有呈现和衬胶，字的高度和字端款有一定的比例关系，造型优美、和谐。

文字设计的构思与图形设计的构思一样，也应用象征、寓意的手法对文字进行夸张、简化、变形等艺术方面的处理，并加以整体的重新组合排列，应用字体的大小、字形的方圆、线条的粗细，以及方向、位置、色彩、肌理等多种编排方式，从而产生千变万化的新字体，追求新颖多样的视觉效果。

文字设计还可以采用对字体增加装饰或精减笔画、笔画相互借用连写、字母大小混写的方法，可以把文字以散点排列作为底纹处理，或者组成装饰性强的文字图案。在立体性的包装中，文字的书写可以由一个平面跨越到另一个平面上，以增加文字的形象，强调文字所传达的深刻含义和艺术效果，如图4-51和图4-52所示。

图4-51

图4-52

第三节　包装设计元素——色彩

色彩具有象征性和感情特征，它在包装设计中承担有两重任务：一是传达商品的特性，二是引起消费者感情的共鸣。

色彩具有象征性，能使人产生联想，一种是具体事物的联想，另一种是抽象概念的联想。例如红色可以联想到太阳、苹果等具体事物，也可以联想到热烈、喜庆等抽象概念。色彩具有感情特征，能使人产生感情上的共鸣。

色彩是表现商品整体形象的最鲜明、最敏感的视觉要素。包装设计通过色彩的象征性和感情特征来表现商品的各类特性，如轻重、软硬、味觉、嗅觉、冷暖、华丽、高雅等。色彩的表现关键在于色调的确定。色调是由色相、明度、纯度三个基本要素构成的，通过它们形成了六个最基本的色调。

（1）暖调——以暖色相为主，表现为热烈、兴奋、温暖等。

（2）冷调——以冷色相为主，表现为平静，安稳、清凉等。

（3）明调——以高明度色为主，表现为明快、柔和、响亮等。

（4）暗调——以低明度色为主，表现为厚重、稳健、朴素等。

（5）鲜调——以高纯度色为主，表现为活跃、朝气、艳丽等。

（6）灰调——以低纯度色为主，表现为镇静、温和、细腻等。

在以上六个基本色调的基础上，再通过各种组合与变化，便可以产生表现各种情感的不同色调。在具体应用中，结合包装设计的实际功能，应注意以下几个方面。

（1）从消费群体考虑。

（2）从消费地区考虑。

（3）从商品形象考虑。

（4）从商品的特性考虑。

（5）从商品的销售使用考虑。

（6）从商品系列化考虑 。

包装的色彩如图 4-53 和图 4-54 所示。

图 4-53

图 4-54

包装设计中色彩技巧的运用应该注意两点：一是色彩与包装物的照应关系，二是色彩和色彩自身的对比关系。这两点是色彩运用的关键所在。

一、照应

色彩与包装物的照应关系主要通过外在的包装色彩揭示或者映照内在的包装物品，使人一看外包装就能够基本上感知或者联想到内在的包装物品为何物。如果我们走进商店往货架上看，就会发现不少商品并未体现出这种照应关系，导致消费者无法由表及里地想到包装物品为何物。当然，这样的包装也就对商品的销售发挥不了积极的促销作用。正常的外在包装的色彩应该不同程度地把握这么个特点。

（1）从行业上讲，食品类包装的主色调多为鹅黄、粉红，以给人温暖和亲近之感。当然，茶类包装也有不少使用绿色，饮料类包装也有不少使用绿色和蓝色，酒类、糕点类包装也有不少使用大红色，儿童食品类包

装也有不少使用玫瑰色。日用化妆品类包装的主色调多以玫瑰色、粉白色、淡绿色、浅蓝色、深咖啡色为主，以突出温馨、典雅之情致。服装、鞋帽类包装的主色调多以深绿色、深蓝色、咖啡色或灰色为主，以突出沉稳、典雅之美感。

（2）从性能特征上讲，单就食品而言，蛋糕、点心类包装多用金色、浅黄色，以给人香味袭人的印象；茶类包装多用红色或绿色，象征着茶的浓郁与芳香；番茄汁、苹果汁多用红色，集中表明了该商品的自然属性。尽管有些包装从主色调上看不像上边所说的那样用商品属性相近的颜色，但是在商品的外包装的画面中必定有象征色块、色点、色线或以该色突出的集中内容的点睛之笔，这应该是设计师们的得意之作。从一些服装、化妆品，甚至酒的包装中都能找到很多这样的例子，如图4-55所示。

图4-55

二、对比关系

色彩与色彩的对比关系的实例如图4-56所示。色彩与色彩的对比关系是在很多商品包装中最容易表现却又非常不易把握的事情。在出自高手的设计中，包装的伤口效果就是"阳春白雪"，反之，就是"下里巴人"了。在中国书法与绘画中常流行这么一句话，叫"密不透风，疏可跑马"，实际上说的就是一种对比关系，表现在包装设计中，这种对比关系非常明显，又非常常见。所谓对比，一般都有以下几个方面，即色彩使用的深浅对比、色彩使用的轻重对比（或叫深浅对比）、色彩使用的点面对比（或大小对比）、色彩使用的繁简对比、色彩使用的雅俗对比（主要是以突出俗字而去反衬它的高雅）、色彩使用的反差对比等。

图4-56

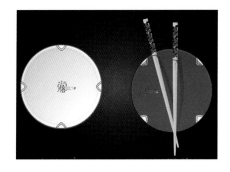

续图 4-56

第四节　包装设计元素——编排

　　编排是一种艺术形式，它服务于其他形象要素，但并非完全被动。同样的图形、文字、色彩等形象，经过不同的编排设计，可以产生完全不同的风格特点。编排在塑造商品形象中是不可忽视的形式之一，它依据设计主题的要求，借助其他形象要素，共同作用于整体形象。包装设计的编排形式同一般的平面设计的差别在于，商品包装是由多个面组成的立体形态。因而，除了掌握一般的平面设计的编排原则和形式特点外，处理好各个面之间的关系是商品包装设计的关键。

　　商品包装按照陈列方式来分，有立式包装与卧式包装两种。

　　编排的基本任务是处理各个面和各个形象要素之间的主次关系和秩序，编排的结构与形式感是在此基础上建立的。主次的表现除了突出表现主体形象外，还必须考虑到主、次各个面中每个形象要素之间的对比，例如所有在次面上重复出现的与主面相同的图形和文字的形象，均不可大于主面上的形象，否则，整个包装会造成视觉混乱，破坏整体的统一。秩序的表现是把各个面和各个形象要素统一、有序地联系起来，除了把握好各形象要素之间的大小关系，还要确定它们各自所占的位置并使它们互相产生有机联系。处理各形象要素之间的有机联系的一个比较有效的方法是，以主面的主体形象和主体文字为基础，向四面延伸辅助轴线到各个次面上，将次面上的各形象要素的位置安排在这些延伸的轴线上，然后通过次面所确定的形象要素再延伸辅助轴线到各个次面上，从而确定各个形象要素的位置。通过这种方法来安排各个面上的每个形象要素，形象要素之间便产生了一种互联，加上主次关系处理恰当，便可产生统一有序的秩序感和形式感，如图4-57 和图 4-58 所示。

图 4-57

图 4-58

包装设计中，有一种特殊的编排形式称作跨面设计，它是把主体形象扩大到两个面或多个面上的一种编排形式。这种编排多用于体积较小的立式包装，目的是在商品陈列展示中起到扩大展示宣传效果，增加视觉冲击力、感染力的作用。跨面设计既要考虑到把多个面组合为一个大的展示面，还要考虑到每个小商品包装可以没有图形，但不能没有文字。商品的许多信息内容唯有通过文字才能准确传达，例如商品名称、容量、批号、使用方法、生产日期等。

包装设计实例如图 4-59 和图 4-60 所示。

图 4-59　　　　　　　　　　　　　　　　　　　　图 4-60

实例：HEMA 食品品牌包装设计欣赏（版式编排设计）

HEMA 是荷兰零售商。新的发展跨越其整个食品节，建立一个统一的外观和感觉。一个白色背景使用手工水彩（有时结合摄影），体现了商品自然、真诚、纯净、新鲜、质量和雅致的特点。包装设计的版式编排设计如图 4-61 所示。

图 4-61

续图 4-61

续图 4-61

续图 4-61

本章要点

　　本章重点论述的内容是运用包装设计品牌塑造的文字、图形、色彩、编排的设计元素进行创意表达，以及包装设计制作表现的设计方法和设计程序。

练习与思考题

　　1.设计一套或一系列商品的包装（内容不限）。要求构思新颖独特，结构合理，传达信息准确，制作精良，有较好的整体视觉效果。（要求制作出实物，并附有设计说明。）

　　2.用仿生法设计、制作一个有趣的包装盒。

　　3.设计、制作具有一定功能的包装结构异形盒。要求通过合理、巧妙的结构设计，使其具有良好的保护功能和视觉形态。

BAOZHUANG SHEJI

第五章
包装品牌塑造表现方法

本章主要研究分析了包装设计与品牌塑造之间的联系，阐述了包装设计的战略定位、包装品牌系列化设计方法、包装设计形式美法则及如何运用包装来塑造品牌形象，从而使包装除了满足保护和美化商品的基本要求外，还具有品牌推广的作用。

［了解］商品包装设计与企业品牌塑造的关系。

［理解］包装设计的战略定位及包装设计形式美法则。

［掌握］包装品牌塑造的步骤和方法。

准确的消费者定位才能够最大可能地抓住消费者。商品所针对的消费群体通常是由商家确定的，因为商家对商品的市场环境更为熟悉。因此，包装设计者需要跟商品的生产者进行良好的沟通，尊重商家的意见。但有一些商家是比较贪心的，他希望所有的消费者都接受他的商品，殊不知大众化的设计是缺乏个性的。还有一些商品的消费群体本身就是比较广的，这就需要设计者找到一个恰当的突破点，以某个消费群体为主要对象进行设计。

不同的消费群体会有不同的喜好，怎样才能把握住特定消费群体的喜好呢？人的兴趣、爱好会受到性别、年龄、生长环境等因素的影响而发生变化，但这也不是完全无迹可寻。我们会发现儿童普遍喜欢卡通形象，因此很多针对儿童的商品的包装设计会选用卡通图形；女性普遍喜欢较柔和的色彩，因此很多针对女性的商品的包装设计用色会比较柔美；老人大多比较保守，因此大部分针对老人的商品的包装设计会避免使用夸张的形象和色彩。此外，地区、文化背景的不同，或是受到时代、艺术思潮的影响，甚至是季节、气候、消费者的心情的不同，都会对消费者的喜好产生影响。

第一节　包装设计的战略定位

一、包装设计定位对象

包装设计中首先要解决的问题是针对哪个对象进行包装装潢（即是指从某一角度采用某种形式和手法，恰当地对一件商品的包装进行设计），主要包括：谁生产的商品、是什么商品、为谁生产商品。对应于这三点，包装的对象总体上可分为品牌、商品、消费对象三方面。

1. 品牌

品牌是指一个名称、名词、符号或设计，或者是它们的组合。品牌的目的是识别某个销售者或某群销售者的商品或劳务，并使之同竞争对手的商品和劳务区别开来，也就是用来诠释"谁生产的商品"。

2. 商品

商品包括其本质属性和特点，例如材料、功用、结构等，主要用来诠释"是什么商品"。

3. 消费对象

消费对象显而易见是购买这个商品的人群。老人、小孩还是中年人？高学历、高素质人群还是一般普通民众？也就是用来诠释"为谁生产商品"。

二、设计战略定位

如何完成设计定位呢？首先，在前期调研分析的基础上，找准品牌、商品、消费对象这三个对象的相关信息和联系要点，然后，在准确把握市场、确定消费群体和了解商品及其包装需求后，制订出一套完备的设计策略。下面针对品牌、商品、消费对象这三个对象，具体说明如何从这三个角度来制订战略定位。

1. 品牌定位

品牌是一个企业的标志，从外表上看只不过是企业 Logo 本身，但其中却蕴含着企业诉求、企业文化、企业理念等，是一个综合概念。品牌定位的策略必须考虑以下三点。

（1）展现商品特性。品牌设计的效果一般和商品的特性相关联，若能很好地将品牌 Logo 的视觉传达效果展现在包装中，就能让人一目了然地了解商品的特性。

图形和元素之间的层次感可以在干扰视觉的同时，突出自身所想体现的主题，这种表现方式往往是比较直接而且有效的，如图 5-1 所示。

（2）呈现厂家信息。有很多商品生产企业以本企业名作为品牌命名，如香奈尔 5 号香水。若能将商品生产企业的企业理念、企业文化和企业诉求通过品牌体现出来，就能使品牌在市场上展现其独一无二性，使消费者能全方位了解商品、体味企业。

1921 年 5 月，当香水创作师恩尼斯·鲍将他发明的多款香水呈现在香奈尔夫人面前让她选择时，香奈尔夫人毫不犹豫地选择了第五款，即现在誉满全球的香奈尔 5 号香水，如图 5-2 所示。

图 5-1 　　　　　　　　　　　　　　　　图 5-2

（3）方便消费者识别。将具有自身特色的品牌图形和符号用在包装设计中，这样能给消费者留下深刻印象，易于和其他商品相区别，如图5-3所示。

图 5-3

但值得注意的是，在制订定位策略时，上述三点在同一品牌中不一定能同时体现出来，这也是在进行品牌定位时需要考虑的问题。而且在品牌定位中，对品牌的本体及其延伸都要认真思考，尽量通过一些形象化的方式，将品牌含义赋予设计中，从而体现商品的独一无二性。

2. 商品定位

商品是包装设计的主体对象，包装设计都是围绕商品的方方面面展开的，在进行商品定位策略的思考时，应注意如下五点。

（1）区分商品种类。不同的商品有不同的外在和内在，在纷繁的商品品种中，通过包装设计将商品一一区分，哪怕是品种差异性很微小的商品，也应通过包装使消费者能够轻而易举地区别开来。如哈根达斯冰淇淋有红糖冰淇淋、香草豆冰淇淋、牛奶巧克力冰淇淋、咖啡冰淇淋、西番莲冰淇淋等，各种口味的冰淇淋在包装中要予以区分，这样才能让消费者很轻松地找到自己想要的口味，如图5-4所示。

（2）标明商品用途。商品有不同的口味和性质，并且具有不同的用途，这些都必须在包装中得到体现，如火柴盒包装——福特Ranger，如图5-5所示。

图 5-4

图 5-5

（3）突出商品特色。商品特色不仅是商品占领市场的有力武器，也是使商品具有强大生命力的关键。在对商品进行包装设计时，应当突出该商品与众不同的地方，比如口味丰富多样，如图5-6所示。

图 5-6

（4）呈现质量档次。针对不同的消费群体，商品有高、中、低三种档次，其质量也各有不同。对于不同档次的商品，其包装设计要求也各不相同。低档的商品没必要用奢华的包装，而高档的商品则必须通过适当的包装效果呈现出商品的高品位，以便表里如一，如图5-7和图5-8所示。

图 5-7

图 5-8

（5）说明使用方法。不同商品的使用方法也不一样，食品、果酱等都需要有详细的说明，而对于工具商品就更不用说了。只有说明了商品的使用方法，消费者才能有效、正确地使用商品，以发挥其作用。Smirnoff Caipiroska饮料的包装设计与黄油的包装设计如图5-9和图5-10所示。

图 5-9

图 5-10

3. 消费对象定位

消费对象是商品投放市场所面向的人群，也就是商品是给哪些人使用的。影响群体的因素很复杂，在进行设计定位时必须要准确把握，否则若商品面向的人群与包装呈现的效果不一致，就会影响商品的销售。这里主要介绍以下几个方面供设计者在定位时参考。

（1）消费的群体对象。商品消费对象的性别、年龄、职业、文化等的不同，使商品消费对象对商品的需求也不一样，如婴幼儿和成人、小学生和大学生、男人和女人等对商品的需求就有很大区别。

包装实例如图 5-11 和图 5-12 所示。

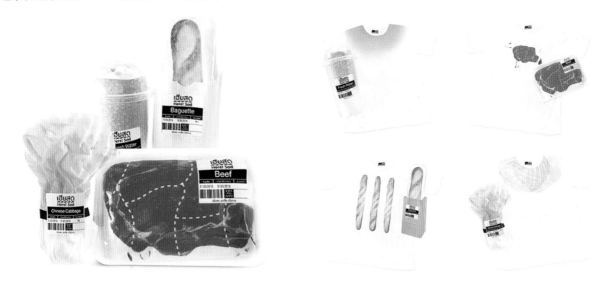

图 5-11　　　　　　　　　　　　　　　　　　　图 5-12

（2）家庭构成区别。家庭构成有大有小，因此对商品的需求也不同。商品需要根据家庭的组成及其比例来生产，如五口之家和两口之家对商品的需求就有很大区别，如图 5-13 和图 5-14 所示。

图 5-13

图 5-14

（3）心理因素不同。心理因素在时下最受设计界重视，设计心理学如今在设计中被考虑得更为细致周到，心理因素对商品的销售也有很大影响。NOBILIN 药品包装如图 5-15 所示。

图 5-15

包装设计针对的对象很丰富，涵盖的内容也很多，在设计时无法——列举和全面呈现，这就需要包装设计者抓住重点，突出某些要素，充分体现商品的优势。例如，若是知名品牌，其商品应着重在品牌定位上下功夫；若是具有民族特色的商品，则应以商品定位为佳，如图 5-16 和图 5-17 所示。

图 5-16

图 5-17

三、消费心理

一种商品能否有良好的销售业绩必须经过市场的检验。在整个市场营销过程中，包装担任着极为重要的角色，它用自己特有的形象语言与消费者进行沟通，去影响消费者的第一情绪，在消费者第一眼看到它时就对它所包装的商品产生兴趣。它既能促进成功，也能导致失败。没有彰显力的包装会让消费者一扫而过。随着我国市场经济的不断发展和完善，广大消费者已日趋成熟和理性，市场逐渐显露出"买方市场"的特征。这不但加大了商品营销的难度，同时也使包装设计遇到了前所未有的挑战，促使商品的包装把握大众的消费心理，朝着更加科学、更高层次的方向发展。

包装成为实际商业活动中市场销售的主要行为，因此包装不可避免地与消费者的心理活动产生密切的联系。而作为包装设计者，如果不懂得消费者的心理，则会陷于盲目的状态。怎样才能引起消费者的注意，如何进一步激发他们的兴趣、诱发他们采取最终的购买行为，都必须涉及消费心理学的知识。因此，研究消费者的消费心理及其变化是包装设计的重要组成部分。只有掌握并合理运用消费心理规律，才能有效地改进包装设计质量，在增加商品附加值的同时，提高销售效率。

消费心理学研究表明，消费者在购买商品前后有着复杂的心理活动，而根据年龄、性别、职业、民族、文化程度、社会环境等诸多方面的差异，划分出众多不同的消费群体及其各不相同的消费心理特征。根据近些年来对百姓消费心理的调查结果，大体上可将消费心理特征归纳为以下几种。

1. 求实心理

大部分的消费者在消费过程中的主要消费心理特征是求实心理，他们认为商品的实际效用最重要，希望商品使用方便、价廉物美，并不刻意追求商品外形的美观和款式的新颖。持有求实心理的消费群体主要是成熟的消费者、工薪阶层、家庭主妇，以及老年消费群体。tPod 茶叶包装如图 5-18 所示。

图 5-18

2. 求美心理

经济上有一定承受能力的消费者普遍存在着求美心理，他们讲究商品自身的造型及外部的包装，比较注重商品的艺术价值。持有求美心理的消费群体主要是青年人、知识阶层，而在此类群体中女性所占的比例高达75.3%。在商品类别方面，首饰、化妆品、服装、工艺品和礼品的包装需更加注重审美价值心理的表现，如图5-19 和图 5-20 所示。

图 5-19

图 5-20

3. 求异心理

具有求异心理的消费群体主要是 35 岁以下的年轻人。该类消费群体认为商品及包装的款式极为重要，他们讲究包装的新颖、独特、有个性，即要求包装的造型、色彩、图形等方面更加时尚、前卫，而对商品的使用价值和价格高低并不十分在意。在此消费群体中，少年、儿童占有相当大的比重，对他们来说，有时商品的包装比商品本身更为重要。针对这群不可忽视的消费群体，商品的包装设计应突出新奇的特点，以满足他们求异心理的需求，如图 5-21 和图 5-22 所示。

图 5-21

图 5-22

4. 从众心理

具有从众心理的消费者乐于迎合流行风气或效仿名人的作风，此类消费群体的年龄层次跨度较大，因为各种媒体对时尚及名人的大力宣传，促进了这种心理行为的形成。为此，包装设计应把握流行趋势，如直接推出深受消费者喜欢的商品形象代言人，以提高商品的信赖度，如图 5-23 和图 5-24 所示。

图 5-23

图 5-24

5. 求名心理

无论哪一种消费群体都存在一定的求名心理，他们重视商品的品牌，对知名品牌有信任感和忠诚感，在经济条件允许的情况下，他们甚至不顾该商品的高价位而执意购买。因此，通过包装设计树立良好的品牌形象是商品销售成功的关键。包装设计实例如图 5-25 和图 5-26 所示。

图 5-25

图 5-26

总之，消费者的心理是复杂的，很少有消费者能够长期保持一种取向，在大多数情况下，消费者可能有综合两种或两种以上的心理要求。心理的多样性追求促使着商品包装呈现出多样化的设计风格。

第二节　包装品牌系列化设计方法

一、系列化包装设计策略

企业对所生产的同类别的系列商品，在包装设计上采用相同或近似的色彩、图案及编排方式，以突出商品视觉形象的统一，使消费者认识到这是同一企业的商品，从而产生自然联想，把商品与企业形象结合起来。这样做可以节约包装设计和印刷制作的费用及新商品推广所需要的庞大宣传预算，既有利于商品迅速打开销路，又强化了企业形象。

包装设计实例如图 5-27 和图 5-28 所示。

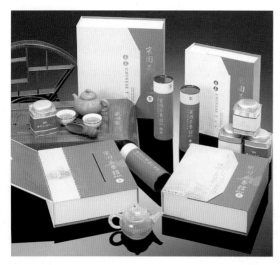

图 5-27　　　　　　　　　　　　　　　图 5-28

二、等级化包装设计策略

消费者由于经济收入、消费目的、文化程度、审美水准、年龄层次的差异，对包装的需求心理也有所不同。因此，企业应针对不同层次的消费者的需求特点，制订不同等级的包装策略，以此来争取各个层次的消费群体，扩大商品的市场份额。

等级化包装设计如图 5-29 所示。

图 5-29

三、便利性包装设计策略

从消费者使用的角度考虑，在包装设计上采用便于携带、开启、使用或反复利用的结构，如手提式、拉环式、按钮式、卷开式、撕开式等，以此来赢取消费者的好感，如图 5-30 至图 5-32 所示。

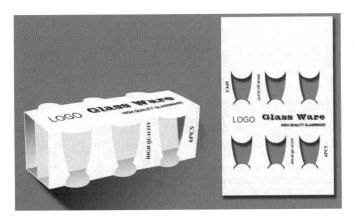

图 5-30

图 5-31

图 5-32

四、配套包装设计策略

　　企业对相关联的系列商品采用配套包装的方式进行销售。配套包装策略有利于带动多种商品的销售，同时还能提高商品的档次，如图 5-33 至图 5-35 所示。

图 5-33

图 5-34

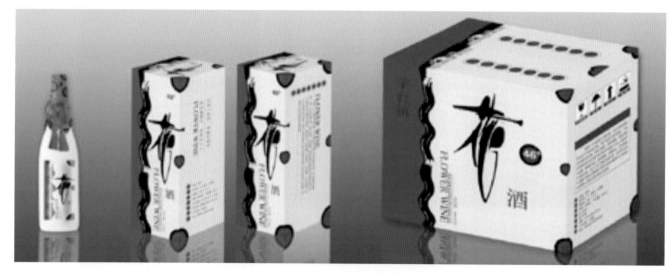

图 5-35

五、附送赠品包装设计策略

在包装内附送赠品，以激发消费者的购买欲望，如图 5-36 所示。

六、更新包装设计策略

更新包装的目的：一是改进包装，使销售不好的商品重新焕发生机，具备新的形象力和卖点；二是使商品锦上添花，顺应市场变化，保持商品的销售旺势和不断进步的企业和品牌形象。

通常，滞销商品的包装适合采取较大的改变，使商品以全新的势态呈现在消费者面前；而旺销商品的包装则适合采取循序渐进式的更新方式，在保持商品认知度的情况下，使商品体现出充满活力而新颖的面貌。包装设计实例如图 5-37 所示。

图 5-36

图 5-37

七、复用包装设计策略

　　复用是指包装的再利用。根据目的和用途的不同，复用包装基本上可以分为两大类，一类是从回收再利用的角度来讲，另一类是从消费者的角度来讲。商品使用后，其包装还可以作为其他用途使用，变废为宝，而且包装上的企业标识还可以起到继续扩大宣传的效果。复用包装设计策略要求设计者在设计此类包装时，要考虑到包装再利用的特点，以及提供最大复用的可能性和方便性，如图5-38所示。

图 5-38

八、企业协作包装设计策略

　　企业在开拓新的市场时，由于宣传等原因，其知名度可能并不高，而所需的广告宣传的投入费用又太大，而且很难立刻见效。这时，企业可以联合当地具有良好信誉和知名度的企业共同推出新商品，在包装设计上重点突出联手企业的形象。这是一种非常实际、有效的策略，现在在国际上是一种常用做法，如图5-39和图5-40所示。

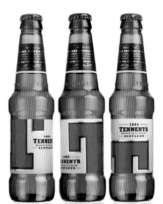

图 5-39　　　　　　　　　　　　　　　　　　　　　　　　图 5-40

　　包装设计应与企业营销策略联系起来，综合考虑，在不同的环境下可能用到多个策略。只有根据实际情况，在设计构思时因地制宜和综合考虑，这样才能形成具有竞争力的包装设计策略体系，才能成功地指导商品的包装设计和促进市场营销。

第三节　包装设计形式美法则

　　万物形态各异,色彩千变万化。我们感知世界、认识万物都源于光（自然光或人造光）的存在和视觉器官——眼睛,两者缺一就无法感受视觉中的形与色,更不能够再现艺术的创造。视觉经验中的色彩已成为现代物质和精神意识创造的必要条件。掌握了色彩的基本属性,在视觉艺术的创造过程中,特别是在对包装设计的用色的探寻中,便能够更理性、更有效地应用色彩这个魔棒,在设计的感性基础上尽情挥舞这个魔棒,借色彩语言的象征性、凸显性,为所设计的理想包装起到锦上添花的作用。

　　包装是一种视觉艺术,人们观察包装图形,其实就是一种审美行为。在审美过程中,人们把视觉所感受到的图形用社会所公认的相对客观的标准进行评价、分析和比较,以引起人的美感呼应。在包装设计中,通常应遵循的美学法则有如下几种。

一、统一与变化法则

　　任何一个完美的包装设计都具有统一性。图形的统一性和差异性是由人们通过观察而识别的。当图形具有统一性时,人们看了图形必然会产生畅快的感觉。这种统一性越单纯,则越有美感。所以,美的图形必然具有统一性,这是美的根本原理。但只有统一而无变化,则不能使人感到有趣味,美感也不能持久,这是因为缺少刺激的缘故。所以,统一虽有和谐、宁静的美感,但过分的统一也会显得刻板、单调。

　　变化是刺激的源泉,有唤起趣味的作用,但变化也要有规律,否则无规律的变化必然引起混乱和繁杂。因此,变化必须在统一中产生。所谓在变化中求统一,主要是在构成图形美感的因素（点、线、面、体、色彩、质感、量感）中去发现变化与统一的一致性,去寻找变化与统一的内在联系;而在统一中求变化,则是在有机联系中利用美感因素中的差异性,起到冲突或变化的作用。通常运用对比、强调、韵律等形式法则来表现美感因素的多样变化,其变化手法有简化、夸张、添加、省略、适合、变形法、几何法等,如利用同质图形的重复构成节奏的美。在变化时应力求以简为主、以少胜多、以一当十,这样才能获得统一、和谐的美感,如图 5-41 所示。

二、对称与均衡法则

　　对称是均齐的类似型,世界万物大都是对称的。对称是生理和心理的要求。对称的形式多种多样,企业标志图形设计多采用左右对称、放射对称等对称形式。对称的构图方法有移动、反射、回转、扩大等。

　　均衡是在不对称中求平稳。均衡虽然具有力学上平衡的含义,

图 5-41

但就平面图形而言，则主要是指视觉均衡，如图 5-42 所示。均衡可分为调和均衡与对比均衡两类。调和均衡是指同形等量，即在中轴线两侧所配列的图形的形状、大小、分量相等或相同。除了图形造型的均衡外，还有量的均衡、色的均衡、力的均衡，这些在标志图形设计时必须相应考虑。

图 5-42

三、比拟与联想法则

比拟是指事物意象相互之间的折射、寓意暗示和模仿，而联想是由一种事物到另一种事物的思维推移与呼应，它一般并不作理性美的表示，而是与一定事物的美好形象的联想有关。联想使企业标志图形别具风格，使人对标志形象产生延展。比拟与联想的图形造型多是从自然抽象出来的几何形状，接受自然现象的暗示，是带有自然主义的初级模拟造型。其特色是形式逼真、一目了然，是对自然物进行提炼、概括、抽象、升华的产物。寓意性的标志比较含蓄且具有一定的典故、联想和寄托，它必须设计得巧妙，能让人易记、易懂，否则会让人百思不得其解，反而降低其包装的功能，如图 5-43 和图 5-44 所示。

图 5-43

图 5-44

四、节奏与韵律法则

节奏与韵律是物体构成部分（包括图形构成）的一种有规律重复的属性。节奏美就是条理性、重复性、连续性等总体形式的表现；韵律美则是抑扬节度的一种有规律的重复、有组织的变化。节奏是韵律的条件，韵律是节奏的深化。

节奏也就是律，这种律不仅表现在音乐上，而且反映在其他方面。当物失去均衡，则会引起运动，此种运动如有规律，则称之为律。节奏和视觉的顺序有关，在组织视觉图像的过程中，视觉神经与肌肉不断地去计量和联系视觉特征上可见的差别，如色彩、明度、饱和度、质感、位置、形状、方向、间隔、大小等，或通过渐大渐小、渐多渐少、渐长渐短、渐粗渐细、渐密渐疏的变化，在色调上表现出渐强渐弱、渐深渐浅等渐变。在包装图形设计中，如果将线的长短、粗细、曲直、方位等进行不同的变化和巧妙的结合，便会创造出不同美感的律的形式。律的形式归纳起来分为循环体、反复体及连续体。

相应的包装设计实例如图 5-45 和图 5-46 所示。

图 5-45

图 5-46

五、重复与呼应法则

重复就是相同的物体再次或多次出现，即反复再现。反复能使人印象加深。同一基本形有规律地反复排列组合，它所表现的是一种有秩序的美。重复构成是依据整体大于局部的原理，它强调形象的连续性和秩序性。因此重复的目的在于强调，也就是形象的重复出现在视觉上既起到了整体强化的作用，又加深了人的印象和记忆。

重复的这些特征和原理被广泛运用于各类设计中，有些设计直接用重复形式来表现形象，如招贴的图形编排采用重复形式；还有的设计则将重复的原理融入其中，如包装中的系列包装，就是运用整体大于局部的原理，使商品家族化，形成较强的冲击力。重复的原理特征除了在设计中被运用外，它还非常实用，如招贴的重复张贴、商品的重复摆置等，这些所造成的冲击力给观者留下深刻的印象。

呼应是事物之间相互照应、互相联系的一种对应形式，如一呼百应、前呼后应、遥相呼应等。良好的呼应关系会产生视觉心理上的统一感和完整感。呼应体现在相同因素的遥相对应上。在包装设计中，一个图案或一种形态的单独出现会有孤立无援、势单力薄的感觉，若在整体感觉构成形式上构成一种联系，则形成呼应关系。

相应的包装设计实例如图 5-47 所示。

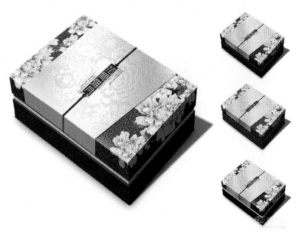

图 5-47

六、调和与对比法则

调和即整齐划一、多样统一。调和是设计形式美的内容，其具体内容包括表现手法的统一、形体的相通、线面的共调、色彩的和谐等。如利用这些构成的差异性，采取不同的艺术效果，以差异大者为对比，表现为互相作用、相互烘托，鲜明地突出个性。

在包装设计中，对比、调和的应用极广，如在大小、方向、虚实、高低、粗细、宽窄、长短、凹凸、曲直、多少、厚薄、上升下降、集中分散、动静、离心与向心及奇数与偶数等的对比中应用调和。对比是包装图形取得视觉特征的途径，调和是包装完整、统一的保证。

相应的包装设计实例如图 5-48 和图 5-49 所示。

图 5-48

图 5-49

七、比例与尺度

任何一个完美的图形都必须具备协调的比例、尺度。良好的比例关系应符合理性美的原则。比例是运用几何的数理逻辑来表现图形的形式美。在包装图形中，常用的比例有整数比、相加级数比、相差级数比、等比级数比、黄金比等。

相应的包装设计实例如图 5-50 所示。

包装设计的形式美法则不能孤立和片面地理解，因为一个完美图形的设计往往要综合利用多种法则来表现。这些法则是相互依赖、相互渗透、相互穿插、相互重叠、相互促进的。随着时代的变化，审美标准、设计手法也在不断发展，好的包装设计总是由好的寓意与恰当的形式相结合而形成的。

图 5-50

本章要点

本章重点论述的内容是包装品牌塑造的表现方法、包装设计的战略定位，以及包装设计形式美法则。

练习与思考题

1.什么是系列化包装设计？

2.包装设计与品牌塑造的策略有哪些？包装设计与市场营销是什么关系？

3.包装设计形式美法则有哪些？在包装设计、制作中是如何体现的？

BAOZHUANG SHEJI

第六章

包装设计的程序及印刷工艺流程

本章的学习旨在让学生了解包装印刷工艺知识，理解和掌握包装设计的方法与制作规范，使学生能够根据商品需求，选择合适的材料和方法进行包装设计与制作。

［了解］包装印刷工艺的相关知识。

［理解］包装设计与印刷工艺的规律和法则。

［掌握］包装设计的程序方法。

第一节　包装设计的程序方法

做包装设计并不是拿到商品就开始考虑如何进行外观造型、色彩选择、图案设计等，而是首先要了解商品的特点、销售对象、销售地点，并有针对性地进行市场调查研究。只有分析了调研资料后，才能在提炼出的结果中进行战略性的定位思考等后续步骤。

一、确定调研目的

任何调研都不是盲目的，包装设计也是一样，通常需要根据商品与包装在市场营销方面的各种需求与性质来确定调研的目的。

对于新商品的初次包装设计，调研的重点是抓住新商品在社会生活中的地位、使用价值、发展走向等，使新商品的包装在推向市场后能获得成功。

对于二次包装设计，即改良性的包装设计，调研的重点必定是抓住"为什么要进行商品包装的改良"这个问题，然后在了解了与该商品有竞争性的商品的总体情况上进行具体的调研。

二、明确调研内容

在调研目的确定下来后，就要思考调研内容了。包装设计的调研内容可分为两部分：一是明确调研方案的内容，二是明确包装设计相关信息需要调查的具体内容。

调研方案的内容包括确定调研的类型、资料收集的手段、调研对象、调查问卷的设计等。其中，调研的类型有探索性调研、描述性调研、因果性调研等；资料收集的手段可以是电话访问、网络问卷、入户访问、焦点小组等；调查问卷的设计类型也分很多种，如网络问卷、期刊问卷、一般问卷等。

包装设计相关信息调查的内容可以根据调研目的来确定，一般包括市场的基本情况、各商品的品牌调研、品牌商品的价格调研、购买方式调研、各品牌商品的包装形象调研等。

三、设计调研方案

调研方案的设计是在结合前面调研目的、调研内容的前提下，对整个调研的流程细节进行设计。调研方案是个具体的任务,涉及确定调研人员、调研地点、调研时间、调研的具体行动步骤等。调研方案在整个调研过程中最具有指导性,完善的调研方案能帮助调研人员轻松完成调研,也能帮助包装设计人员准确获得需要的信息。

四、实施调研过程

调研过程的实施就是将调研方案付诸行动,将前期所有的方案和计划按部就班地进行下去。调研的实施如果没有商品生产企业的支持,而是需要设计师自己去完成的话,在时间和经费上必然受到约束,这时,设计师可以自行选择一些操作性较强的方法来进行调研,如采用方便的调研表格的方法,利用问答和选择来获取自己需要的信息,或者采用自行观察的调研方式,这里指的是设计师从设计的角度出发,对包装市场上的信息进行收集、筛选。

市场研究报告可提供的信息有如下几种。

（1）有关该公司和该品牌的背景信息;

（2）该设计项目的性质和范围（商品特性）;

（3）商品发展趋势及竞争情况;

（4）目标市场;

（5）时间表;

（6）预算和成本问题;

（7）生产中的各项问题及限制因素;

（8）相关的管理规定;

（9）各项环保政策;

（10）其他信息。

五、分析调研结果

通过有针对性地进行市场调研,设计师可以掌握较为全面的信息,包括商品自身的、同类商品的、消费者的、市场上的众多所需信息,并在这些信息资料的基础上进行总结分析,根据实际需要撰写调研报告,同时提出包装设计的思维线索和观点。

调研报告的观点要明确,所提出的观点要和收集的材料相一致,内容要简明扼要且有针对性,对需要解决的重难点问题要给予充分的分析和解答,最终的调研报告结果要能有效地帮助设计师完成商品的包装设计。

第二节　包装设计的创意思维

准备工作完成后,设计师就开始着手构思创意。在一件商品的包装设计过程中,设计师需要首先寻求各种可表达设计主题的可能性。在构思创意的时候,设计师用粗略的草图记录每个创意,经过再三修改之后,该草图就成为一个初步的设计。创意的构思是一个重要的程序,需要设计师付出艰苦的思维劳动。

一、创意的界定

1. 创意的概念

创意（英文为 creation）原本是设计中的专用语，现在也流行于其他行业，如发型创意、时装创意等。所谓创意，从中文字义上分析，"创，始也"。创就是首创、始造的意思。"意，心所向也。"心之所向、心之所思就是意。将二字合起来解释就为创意，或曰想点子、出新招。创意即具有创造性的构思。构是指构建、结成；思是指思考、思索、主意、想象、念头、点子。创意就是通过精心思考，从而构建和创造意境来表现某一主题的活动过程，简单的解释就是一个可以表现设计内容的主意。主意的好坏取决于该主意是否合适、新鲜，以及能否引起共鸣。每一项设计内容都可以运用很多不同的方法去表现，各种方法的效果可能不同，亦可能相同。设计者的责任是在各种方法之中寻找一个较特别的、令人欣赏的方法去表现主题并把主题传达给受众。

广告大师大卫·奥格威曾经这样说过："要吸引消费者的注意力，同时让他们来买你的产品，非要有好的点子不可，除非你的广告有很好的点子，不然它就会变成很快被黑夜吞噬的船只。"因此可以这样认为，好的点子与设计是商海里的渡船，能将商家及其商品送到"黄金海岸"。

2. 设计的本质是"为未来设计"

"为未来设计"与"现在即过去"这个著名的论点有着异曲同工之处。设计应主动促进多学科的交叉、智慧与知识的交汇、主体与受众的互动，打破各学科原来固有的疆界，使我们能够站在一个更高的点上看待企业和文化的结合问题。按照旧的理论，一个优秀的企业、个人应该是感性的跳跃思维、理性的逻辑思维及完美表达这三者的总和。不同的时代对社会、生产的评判标准是很不同的，在古代是以物质的有无为标准，资本时代以物质商品的多少为标准，近现代以商品的好坏为标准，而信息时代则以快慢为标准，应变与效率被提升到比较突出的位置。设计是走在实施前面的，半年后也是未来，并不一定是数十年、数百年后才称作未来。抓住了"为未来设计"这一思想，就使我们具备了发展的思维，创意有了相对持久的可能。

3. 人类进步是否定概念、创造概念的过程

包装设计从某种意义上来说是其理念的体现。要通过设计使受众下意识地贯彻理念、自然地接纳理念，抛开表面的造型行为、僵化的技术限制，透过"市场是一切"的迷雾，抓住"生活需要"这个丰富、生动的源泉，使"看不见的手"显形，并从引导消费到创造市场，使企业不仅是制造商品的企业，而且是成为创造优质新生活的企业。设计是一种新模式的创立与营造活动，也是一种流行模式的创立与反映过程的方法。潮流与模式不仅体现了设计师对社会时尚的敏锐嗅觉和自身的个性（如意识形态、品位修养、灵感等），还是设计师逻辑性地从商业实战角度去考虑问题，系统地、有方法地创立目的诉求的方法，从心理上"神秘地"引导消费者的效仿趋同的心态，从而达到设计的目的—— 向客户传达设计理念和推销商品，谋求更高利润，建立起一种消费模式、一种精神甚至一种意识形态。将理性与感性结合，通过严密的计划确立设计的形式与体系，抛弃设计的盲目性，找到设计的源泉与武器，使设计成为实现目的、传达理念、解决问题的有效方法。

4. 创意设计阶段的工作方法

（1）确定理念、指导思想、选题及定位。明确设计目的（即客户目的以及需经过设计所解决的问题），找出企业独有的资源优势，明确企业发展战略，提炼核心价值观，确定使命与精神，规划竞争战略，形成企业文化。

（2）制订有效的时间计划，避免无用功和返工。设计流程制订的科学性是最终成功的必要条件。

（3）搜集资料，选择载体，跳跃性地思考问题，做到"思维轰炸"，尽其所能地涉及全部相关方向。在前期搜集、调查的基础上，根据不同载体及掌握的全部资料，制订出艺术设计方案，做到灵感的不断涌现。

（4）理解、分析与整理，重点突破，选择目的表达最准确的载体、方式与设计方向。

二、创意三原则

不以规矩，不能成方圆。成功的设计创意必定遵循如下规则。

1. 首创性原则

首创是设计创意最根本的品质和最鲜明的特征。与众不同、别出心裁就是首创，即创意。首创在设计中表现出独特性、唯一性。

2. 简明性原则

设计是将商品的信息快速地传达给受众，让其在转眼之间感受冲击力、引起注目、留下印象。

包装不是广告片，更不是长篇小说。消费者选择商品时，没有那么多时间和闲情看那么冗长的广告，故要求设计简洁、明确。新颖、独特也同样重要，是包装设计绝对必备的品质。繁杂、晦涩的包装设计会令消费者头脑发麻，其宣传效果可想而知。

3. 形象性原则

形象是包装设计中十分关键的因素。设计既要图文并茂，更要图文双美。不论图形或文字，都要个性化，要生动而和谐，不能只顾其一，不顾其二。

可以通过艺术的手法传达信息，树立美好的形象，给人以美好的感受，从而激发消费者的需求欲望，诱导购物行为（认牌购货），达成促销目的。

三、创意的要素

常言道，巧妇难为无米之炊。创意是创造性的思维活动，所谓要素，包括两个方面，即创意必备的素材和素质。前者是客观要素，涉及物；后者是主观要素，涉及人。

素材：自在之物，源于生活。对创意者来说，重要的不是素材的存在，而是在于对它的发现。

素质：创意者自身的品质，知、识、才三者的综合。其中，知识是核心，见识和才能是从知识中增长起来的。人们获取知识有两条途径：① 亲身实践，即"见多识广"；② 广泛涉猎，即"博学多才"。

"读万卷书，行万里路""读书破万卷，下笔如有神"。总而言之，"孤陋寡闻"不可能有创意，而"不学无术"则与创意永无缘分。创意来源于生活，在于平时的积累。

创意与表现就是考虑表现什么和如何表现的问题。要解决这两个问题，就要从表现重点与表现手法两方面来进行设计。表现重点是攻击目标，是突破口；表现手法则是战术，是武器。

1. 表现重点

包装设计的表现重点是指表现内容的集中点与视觉语言的冲击点。包装设计的画面是有限的，这归因于其设计对象在空间上的局限性；同时，商品要在很短的时间内为消费者所认可，这又是时间的局限。由于时间与空间的局限，我们不可能在包装上做到面面俱到、一应俱全。如果方方面面都尽力去表现，也就等于什么都没表现，不仅重点不突出，还会使创意失去价值。在设计时，只有把握住要表现的重点，在有限的时间与空间里

图 6-1

去打动消费者，才能形成一个完整而成功的包装设计。

1）重点展示品牌

针对大型公司和知名度很高的企业，在进行包装设计理念创意时，其表现重点就应该紧抓住品牌第一位的设计意识。品牌已有的关注度会给企业带来很多益处，构思时重点表现该企业的商标和品牌是商品包装设计的切入点，如图 6-1 所示。

2）重点表现商品

针对有某种特殊功能用途的商品或者新商品的包装，应该将包装设计的创意和表现重点放在商品本身上，展示商品的特殊之处，如新的外观和功能、特殊的使用方法等。有些鞋子的包装会用巧妙的鞋盒设计来与其他商品相区别，如图 6-2 和图 6-3 所示。

图 6-2

图 6-3

3）重点表现消费群体

商品最终是要给消费者使用的，特别是那些对使用者的针对性强的商品，其包装应以消费者为表现重点。这样包装才能有的放矢地针对消费者的需求去设计，通过包装设计使商品占领其细分市场。特别是针对儿童与老年人的商品的包装设计，要具有消费群体鲜明的心理特征和视觉识别力，如图 6-4 和图 6-5 所示。

图 6-4

图 6-5

在进行商品包装设计时，只有重点突出了，才能让消费者在最短的时间内了解商品，产生购买欲望。总之，不论如何表现，包装设计都要抓住重点，都要传达出明确的内容和信息。

2. 表现形式

包装设计首先在创意上抓住了重点，接下来用什么样的手法去表现这些重点也是非常重要的环节，也就是我们所说的，应想方设法去表现商品（内容物）或其某种特点。因为任何事物都必然具有一定的特殊性及与其他事物具有一定的相关性，所以我们若要表现一种事物或某一个对象，就有两种基本方法：一是直接表现事物的一定特征，二是间接地借助于和该事物有关的其他事物来表现该事物。前者称为直接表现法或直叙法，后者称为间接表现法或借助表现法。

1）直接表现法

直接表现法是指表现重点是内容物本身的方法，用于表现其外观形态、用途、用法等。下面介绍几种最常用的直接表现法。

（1）摄影的表现手法。直接将彩色或黑白的摄影图片使用到包装设计中，很多食品包装常采用此类表现手法，如图 6-6 所示。

（2）绘画的表现手法。绘画可以采用写实、归纳及夸张的手法来表现，其中，归纳的手法是对主体形象加以简化处理。对于形体特征较为明显的主体，经过归纳概括，其主体形象的主要特征会更加清晰，如图 6-7 所示。

图 6-6

图 6-7

（3）包装盒开窗的手法。开窗的表现手法能够直接向消费者展露出商品的形象、色彩、品种、数量及质地等，使消费者从心理上产生对商品放心、信任的感觉。开窗的形式及部位可以是多种多样、不拘一格的，可借用透明处呈现出的商品形态来结合包装，使包装有更好的视觉效果，如图 6-8 和图 6-9 所示。

图 6-8

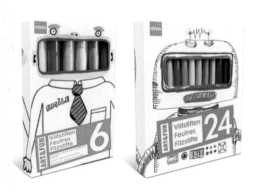

图 6-9

（4）透明包装的手法。采用透明包装材料或透明包装材料与不透明包装材料相结合来对商品进行包装，以便向消费者直接展示商品，如图6-10所示。该包装手法的效果及作用与开窗式包装基本相同。食品的包装设计采用此类方法的较多，特别是液体类饮品。

（5）其他辅助性表现手法。除了以上介绍的四种直接表现商品的手法外，还可以运用一些辅助性表现手法为包装设计服务，这些表现手法可以起到烘托主体、渲染气氛、锦上添花的作用，如图6-11和图6-12所示。但应切记，辅助性烘托主体形象的表现手法，在处理中不能够喧宾夺主。

| 图6-10 | 图6-11 | 图6-12 |

2）间接表现法

间接表现法是通过较为含蓄的手法来传递信息的，即包装画面上不直接表现商品的本身，而采取借助其他与商品相关联的事物（如商品所使用的原料、生产工艺特点、使用对象、使用方式或商品的功能等媒介物）来间接表现该商品。间接表现法在构思上往往用于表现内容物的某种属性、品牌或意念等。

有的商品无法进行直接表现，如香水、酒、洗衣粉等，这就需要用间接表现法来处理。同时许多以直接表现法进行包装设计的商品，为了求得新颖、独特、多变的表现效果，往往也在间接表现上求新、求变。间接表现法包括联想法和寓意法，其中寓意法又包括比喻法和象征法。

（1）联想法。该方法是借助某种形象符号来引导消费者的认识向一定的方向集中，由消费者在自己头脑中产生的联想来补充包装画面上所没有直接交代的东西，这也是一种由此及彼的表现方法。人们在观看一件商品的包装设计时，并不只是简单地视觉接受，而是会产生一定的心理活动。可以试着运用联想法观察图6-13和图6-14所示的包装。

| 图6-13 | 图6-14 |

（2）寓意法。该方法包括比喻、象征两种手法。寓意法是对不易直接表现的主题内容进行间接表现的一种方法，该方法不仅能使画面更加生动、活泼，而且能丰富画面的样式，让商品更能吸引顾客，如图6-15和图6-16所示。

图 6-15

图 6-16

① 比喻法。比喻法是借他物比此物的手法。比喻法所采用的比喻成分必须是大多数人所共同了解的具体事物、具体形象，这就要求设计者具有比较丰富的生活知识和文化修养。在我国民间传统艺术中有许多生动的例子，例如喜鹊比喻喜庆、牡丹比喻富贵、荷花比喻清明廉洁、鸳鸯比喻爱情、松鹤比喻长寿等，而喜庆、富贵、清廉、爱情、长寿等概念是无法用视觉形态直接表现出来的，但是借助形象化的动、植物等就能得到充分的体现。比喻法是通过表现商品内在的"意"，即表现商品精神属性上的某种特征来传达商品的一种表现手法。

农夫山泉金猴套装：获得五大国际设计奖项的农夫山泉玻璃瓶天然矿泉水系列发布了纪念版"金猴套装"，以此来贺岁农历猴年。套装内含 750 ml 金猴玻璃瓶天然矿泉水和 750 ml 金猴玻璃瓶充气天然矿泉水各一瓶。这也是农夫山泉玻璃瓶天然矿泉水系列首次为农历新年发布的特别设计款——岁次丙申猴年典藏，如图 6-17所示。

光盘包装如图 6-18 所示。

图 6-17

图 6-18

② 象征法。该方法是比喻与联想相结合的转化，在表现的含义上更为抽象。而作为象征的媒介形象，在含义的表达上应当具有一种不能加以任何变动的永久性，即具有一定性。例如长城、天安门及其门前的华表、

黄河、中国传统的石狮图形等都是中国的象征；金字塔及狮身人面像是埃及的象征；埃菲尔铁塔是法国的象征；枫叶是加拿大的象征；红十字是生命和健康的象征；白鸽与橄榄枝是和平的象征等。在象征表现中，色彩的象征性运用也很重要，例如红色象征兴奋、革命的胜利、喜庆。在包装设计中，象征法一般是以某个地区、某个国家或某种事物所特有的形象作为代表，用以表达为大多数人认同的品牌的某种含义或某种商品的抽象属性。

GODIVA 猴年限量巧克力：采用喜庆的红金配色，包装上的猴子偏抽象，寥寥几笔就带出了猴子的神韵。巧克力盒子的设计简单大方，这种好看又好吃的巧克力礼盒送人自用两相宜，如图 6-19 所示。

象征法的包装设计实例如图 6-20 所示。

图 6-19

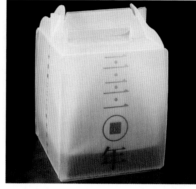

图 6-20

3）其他表现方式

直接表现法和间接表现法除了可以采用以上所述的手法之外，还可以互相结合运用。另外，还可以采用特写的手法，即大取大舍，以局部表现整体的手法使主体的特点得到更为集中的表现。

百事乐猴王纪念罐：这一次百事猴年纪念罐成为最早打出猴年主题概念的商品。百事猴年纪念罐罐身上的猴脸是以红、白、蓝三色为主题色，以京剧脸谱为灵感来源，配以额头上的"乐"字，一个活灵活现、爱闹腾的猴王跃然眼前，如图 6-21 所示。

乐事猴脸包：继百事可乐在朋友圈被刷屏后，六小龄童携李易峰、郭采洁、张艺兴、张慧雯四位人气明星，用乐事猴脸包再次引爆朋友圈。明星们变身萌脸侠，陪你一起玩转猴年，分分钟萌你一脸，让你在猴年玩出不一样的花样，使过年更有味，如图 6-22 所示。

图 6-21

图 6-22

另外，在间接表现手法上，还有不少包装，尤其是一些高档礼品包装、化妆品包装、药品包装等，往往不直接采用联想或寓意的手法，而是以纯装饰性的手法（即无任何含义）进行表现。采用纯装饰性的手法时，也应注意装饰的一定倾向性，用这种倾向性来引导观者的感受。

礼品包装设计如图 6-23 所示。

前面讲解了设计的创意思维与表现的问题。总而言之，在回答"表现什么"和"如何表现"这两个问题时，要注意信息传达力和形象感染力两个方面。应当再次强调，设计创意思维要从商品、消费者和销售三个方面加以全面推敲研究，使设计最后达到良好的识别性、强大的吸引力和说服力，即具有清晰突出的视觉效果、明朗准确的内容表达和严肃可信的商品质量感受，这是包装设计的最终目的，如图 6-24 所示。

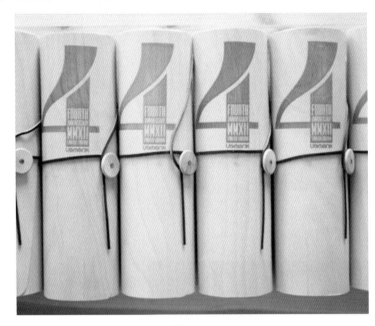

图 6-23　　　　　　　　　　　　　　　　　图 6-24

大卫杜夫猴年限量雪茄：红色的抽屉搭配竹制的滑盖，既符合喜庆的中国风，又不失典雅。红色带标上印有写意的金色猴子 Logo。这款雪茄长 165mm，环径 50，采用厄瓜多尔哈瓦那外包叶烟、墨西哥圣安德烈绑叶烟，以及混合填料烟叶，如图 6-25 所示。

图 6-25

第三节　包装设计制作规范

包装的作用是增加商品的附加值、促销、保护商品在运输中的安全性等。因此，一个包装设计根据商品的不同，至少具有保护商品、延长保质期、抗震、节省运输空间、节约包装成本等功能，然后再是醒目、符合消费者群体的审美（高档或通俗）的功能。

包装设计要素如下。

一、主展面设计

由于主展面的面积相对较小，同时其本身就是商品形象，因此，设计画面要能够迅速把商品介绍给消费者，利用文字和特写形象的手法来直接表现商品形象，如图 6-26 所示。

图 6-26

二、整体设计

因主展面并不是局部，不应该是孤立的，因此要考虑整个包装物的整体形象。通过在文字、图形和色彩之间采用连贯、重复、呼应和分割等手法形成整体构图，如图 6-27 和图 6-28 所示。

包装设计制作时，如果只注重于商品包装画面的设计彩稿是不行的。

图 6-27

图 6-28

三、商品印刷

商品包装画面的设计彩稿只是一种纸上的蓝图，并不是商品包装的成品。设计彩稿必须通过一系列的生产流程才能成为包装成品。设计师要达到预期的效果，就必须了解制版、印刷的生产工艺。现代包装的成型流程：设计—制作印刷稿—分色、制版—印刷（包括轧凹凸、烫金、贴膜）—轧盒—黏合成型。印刷是包装设计最基本、最重要的一项加工工艺，而所谓印刷，就是以各种不同的方法，通过一种印版将文字或图形制成大量的复制品。

不同的印刷工艺有着不同的特点。目前，纸张的印刷工艺主要有两种：一种是铅版、铜版印刷，也可称为凸版印，凸版印的印刷机是一种半手工操作的小机器；另一种是较先进的胶印印刷，也可称为平印，胶印的印刷机有小胶印机和大胶印机两种。凸版印刷与平印印刷由于工艺不同，所取得的效果也截然不同，设计时对设计稿的要求也不同。因此，晖凰印刷设计建议设计师在设计前就得考虑将采用哪一种印刷方法，尤其必须弄清将采用凸印还是胶印印刷。

1. 凸版印刷

凸版印刷必须根据彩色设计稿另外再绘制区分颜色的套版黑白稿。对于凸版印刷的包装来说，黑白稿是很重要的一环，它将直接用来照相感光。黑白稿绘制得不好，或者与原稿不符、分版不对将影响到印刷的效果。要注意放切口（切口是指印刷品在印刷后用刀切的那部分），一般切口必须要留 3 mm。如果画稿的色块是通边而不留白边的，画黑白稿时要放出 2 ~ 3 mm 的出血，这样在印刷后切割为成品时不会露出白边，并绘制出净尺寸线（成品线）、毛尺寸线，最后必须在稿件的上下左右的中间画出十字线，以便于制版印刷时拼版制作。

2. 胶印制版

胶印制版的设计稿可以直接制成制版稿，对制版稿上的彩色图片或彩色照相通过电脑控制进行网点扫描。无论是凸印或胶印，纸盒包装都有它的特殊性，另外还必须绘制纸盒结构刀磨图，以及根据需要绘制出拼版图。纸盒结构刀磨图是用来排刀磨的，纸盒印刷后需要用刀磨来切成品以及轧折叠线。

因此，刀磨图必须与设计制作图的结构一致，结构线的位置不能有任何误差，不然的话，结构线的误差会导致轧盒后的结构偏到顶部或底部去，从而使整个盒子的面出现误差。拼版图是根据印刷机器的特点来制作的，如果制版稿的毛尺寸是六开的，而上车的机器是四开的话，那么就需要把十六开的制版稿拼成四开的图纸，留出纸盒与纸盒之间的拼版切边线 3 mm，还必须留出纸张上机时，机器对纸张的咬口 10 mm 左右，便于制版后作印刷前的晒版依据之用，最后还要留出纸张的毛边抛修 10 mm。一般情况下，刀磨图与拼版图绘制成一幅图就可以了。

第四节　包装印刷方式、成本及报价知识

（1）活页及办公型装订工艺：包括热熔封套、铁圈、螺旋圈、胶圈、维乐、钢脊、塑管热铆、脊条等，这些装订方式在国内已存在多年，大部分已经很成熟。

（2）骑马订：最为简洁、高效的装订方式，在印刷中应用较为广泛，但是这种装订方式只适用于较薄（页数比较少）的书籍装订。

（3）挤背：把传统骑马钉的书脊处通过脊背机的挤压，处理成类似胶装的外形，这样既可以使骑马钉获得胶装一样的方脊的外形，同时还保留了骑马钉册子方便平展翻阅的优点，更为重要的是这个过程无须耗材。

（4）无线胶装、精装：在比较厚的产品说明书、小说等黑白印刷，以及材质为胶版纸或轻型胶的商品中比较常用。

一、纸品表面工艺

（1）覆膜：一般应用于书籍类商品的封面。覆膜就是在纸张的表面粘上一层塑料膜，可以使印刷品表面保持干净。塑料膜的种类大致分为亮膜、亚膜两种。

（2）UV淋膜（或者叫上光）：覆膜毕竟存在一个纸品无法回收的弱点，这将导致资源的极大浪费。许多发达国家已经在限制覆膜的应用，因此我们不能不关注这个问题，而局部UV淋膜则不同。

（3）烫金：电化铝的发明使得印刷品世界精彩纷呈，但是局限于制版过程的复杂，烫金这种工艺很难在小批量的数字印刷中得以推广，而数字印刷的多样性要求又呼唤着这种工艺。这个矛盾可能将得到解决，一种新型版材在普通烫金机上应用成功，利用这种版材在普通数码雕刻设备上就可以简便、快捷地制作烫金模版。与以前花上几天的时间才能制好一个模版比较起来，这种板材只需要1个小时不到的制版时间，因此可能会被不少的数字印刷提供商所接受。

二、纸张成型加工工艺

（1）裁切与三面切：切纸机几乎是印后应用频率最高的设备，小型切纸机在国内已经全面普及。随着光滑的铜版纸的大量应用，小型电动切纸机已经无法适应需求了，因为这种切纸机的压紧力严重不足、机架精确度太低、使用寿命太短，导致裁切出来的成品报废，前功尽弃。

（2）折页与叠图：折页是常见的印后工艺，在黑白印刷主导的时代，印刷领域基本上采用搓轮式的折页机。随着彩色印刷的普及，吹吸风进纸的方式成为趋势，搓轮式的折页机已经无法解决光滑的铜版纸的折页要求。叠图是指工程图纸的折叠。国内有很多数字印刷服务商提供工程图打印的服务，而大图的折叠是件很烦心的工作，人工折叠效率很低而且效果很差，因此叠图机渐渐成为一些大图活量较大的服务商的配置。

（3）压痕：纸张太厚或是纸浆太脆的印品直接折页的话，内部的纸浆外露，导致画面严重破损，压痕是解决这一问题的良方。压痕分为平压、滚压和旋转压三种原理，分别具有不同的优缺点和适用场合。

（4）打拢线：也称压虚线，在附券、奖票、回执、打折卡等的制作过程中经常使用，在印刷中越来越多的出现这类活件。一般在滚轮式压痕机或者折页机的出纸部分安装拢线刀片，就可以非常方便地解决打拢线的问题。现在有一部分印刷机也已附带了这一功能。

（5）钻孔：钻孔机，分为单孔、双孔、多孔。

（6）索引、挖月、圆角、模切：用于高档日记本、贺卡等一类商品的加工。

三、其他印刷后期工艺

（1）传统配页与数码配页：多张原稿分别印，然后进行配页，装订成册。

（2）压平：为了使商品更加平挺，自我要求严格的印刷厂家会采用压平的工艺，效果显著。

（3）打号（打码）：收据、合同、彩票、多联单等经常会涉及打号。打号设备往往是将自动跳号的打码头安装在一组旋转的轴上，通过轴的旋转来实现打号。打号有胶打和铅打两种。

（4）打包与装袋：印刷加工中的最后一道工序。为了进一步提升商品的附加值，印刷厂家将成品进行装袋或者打包，因此越来越多的入袋机和打包机将会成为印刷行业的选择。

第五节　包装印刷后期装订方式和工艺

一、纸的单位

（1）克：一平方米的重量。

（2）令：500 张纸单位称（出厂规格）。

（3）吨：与平常单位一样，1t=1 000 kg，用于算纸价。

二、纸的规格及名称

1. 纸最常见的四种规格

（1）正度纸：长 109.2 cm，宽 78.7 cm。

（2）大度纸：长 119.4 cm，宽 88.9 cm。

（3）不干胶：长 765 cm，宽 535 cm。

（4）无碳纸：有正度和大度的规格，有上纸、中纸、下纸之分，纸价不同（见纸价分类）。

2. 纸最常见的名称

（1）拷贝纸：17 g，正度规格，用于增值税票、礼品内包装，一般是纯白色。

（2）打字纸：28 g，正度规格，用于联单、表格，有七种色分，即白、红、黄、蓝、绿、淡绿、紫色。

（3）有光纸：35 ～ 40 g，正度规格，一面有光，用于联单、表格、便笺，为低档印刷纸张。

（4）书写纸：50 ～ 100 g，大度、正度均有，用于低档印刷品，以国产纸最多。

（5）双胶纸：60 ～ 180 g，大度、正度均有，用于中档印刷品，以国产、合资及进口较为常见。

（6）新闻纸：55 ～ 60 g，滚筒纸、正度纸，报纸选用。

（7）无碳纸：40 ～ 150 g，大度、正度均有，有直接复写的功能，分上、中、下纸，上、中、下纸不能调换或翻用，纸价不同，有七种颜色，常用于联单、表格。

（8）铜版纸：A. 双铜，80 ～ 400 g，正度、大度均有，用于高档印刷品；B. 单铜，用于纸盒、纸箱、手挽袋、药盒等中、高档印刷品。

（9）亚粉纸：105 ～ 400 g，用于雅观、高档彩印。

（10）灰底白板纸：200 g 以上，上白底灰，用于包装类。

（11）白卡纸：200 g，双面白，用于中档包装类。

（12）牛皮纸：60 ～ 200 g，用于包装、纸箱、文件袋、档案袋、信封。

（13）特种纸：一般以进口纸最为常见，主要用于封面、装饰品、工艺品、精品等印刷品。

三、报价公式及技巧

（1）认真考察客户实力，观察客户印刷样。

（2）仔细测量样品规格，检查纸质及各种印前、印后工序。

（3）用计算器详细计算成本和盈利。

（4）报价采用双关语，价不高（指不高出客户心理价），价不低（指不低出同行价）。

（5）讲价是指与客户协商报出价的理和据，如选用纸张大小、纸质好坏、胶片国产和进口、印刷质量、交货时间、选用什么机器印刷等一些先进、良好的条件，让对方接受你的报价。

（6）风度：老练、大方、诚实、有责任感。

（7）语言和气：讲礼貌、讲文明、先笑后讲、不卑不亢。

四、校稿和交货技巧

（1）让对方重视校稿，注意文字、规格、色样、交货时间等，并让客户核准签字。

（2）交货时分散客户注意力（商品不足之处），以优介绍，以客户关心点介绍，让客户满意为止。

五、收定金和货款技巧

向客户讲明定金原因。

（1）打稿、打样、投资成本。

（2）让客户有诚意。

（3）拒绝有欺骗言语、表情，让客户理解定金的必然性。

（4）货验收后，一定要让客户签单（送货单），然后再向客户提供收款凭证（收据、发票），让客户履行协议或合同收款方式。

多讲我们的难点，少讲对方的不是，让客户不付款时有点理缺感。

实在因其他原因不能付款，让对方领导签没付款字样并写明下次付款时间。

六、过错和质量问题的处理

（1）对方过错：根据实际数量和客户态度和平解决，让对方尽量承担纸款、印费及其他费用，协商至双方达成共识为止。

（2）我方过错：以能让对方接受为目的，加以降价、赠送、下次重印等方法处理。

七、报价公式

（1）重量（长 × 宽 ÷ 2）= 定律：大度 0.531 重量，正度 0.43 重量。

（2）计算方法：重量（定律）× 克数 × 吨价 ÷500 张 ÷ 开数 × 印数 +10% 损耗 = 总纸款

例1：有一客户印 5 000 张大 16 开，157 双铜，求纸款是多少？

公式：重量 × 克数 × 吨价 ÷500 张 ÷ 开数 × 印数 ×1.1= 所求总纸价

（0.531×157×7 500÷500÷16×5 000×1.1）元 =430 元（纸总价）

例2：有一客户印 8 000 张大 16 开，80 克双胶纸，求纸款是多少？

公式：重量 × 克数 × 吨价 ÷500 张 ÷ 开数 × 印数 ×1.1= 所求总纸价

（0.531×80×6 500÷500÷16×8 000×1.1）元 =304 元（纸总价）

例3：有一客户印 700 本说明书，包括封面用 60 克国产纸，每本用 20 张正度 16 开，求纸款是多少？

公式：重量 × 克数 × 吨价 ÷500 张 ÷ 开数 × 印数 ×1.1= 所求总纸价

（0.43×60×5 500÷500÷16×700×20×1.1）元 =273 元（纸总价）

例4：有一客户印无碳纸联单 200 本，求 16 开二联、三联、四联、五联的纸款分别是多少？

公式：二联 3.43，三联 3.93，四联 4.19，五联 4.34。

联数定律 × 本数 = 总纸款

二联：686 元；三联：786 元；四联：838 元；五联：868 元。

例5：有一客户印 2 号、5 号、6 号、7 号、9 号标准信封各 1 000 个，用 100 克双胶纸，问各个规格、开数、纸价是多少？

定律：　成品规格：

2 号：11 cm×18 cm，15 开（切纸规格 26×21）；

5 号：11 cm×22 cm，12 开（切纸规格 26×24）；

6 号：12 cm×23 cm，12 开（切纸规格 27×26）；

7 号：16 cm×23 cm，8 开（切纸规格 39×27）；

9 号：23 cm×32 cm，4 开（切纸规格 39×54）。

定律 × 克数 × 吨价 ÷500 张 ÷ 开数 × 印数 ×1.1= 所求总纸价

1 000 个信封的纸款：

2 号：41 元；

5 号、6 号：51 元；

7 号：77 元；

9 号：154 元。

例6：有一客户印 16 开、28 克三联单 100 本，求每本纸价是多少？

定律 1.39× 印数 = 纸款（139 元）（32 开 ÷28 开 ×2）

以上例题都是常见例题，不常见例题可因具体情况而定或问业务主管解答。

八、当前广州市纸业吨价

双铜：7 500 元 / 吨。

单铜：8 000 元 / 吨。

进口双胶：6 500 元 / 吨。

国产双胶：6 000 元 / 吨。

国产书写纸：5 500 元 / 吨。

打字纸：8 700 元 / 吨。

无碳纸：上白 270 元 / 令。

中纸：360 元 / 令。

下纸：240 元 / 令。

九、开纸和大度、正度的选用

定律：客户印刷规格长、宽尺寸：用大度和正度纸尺寸除以客户规格长、宽尺寸二次，选最多的积数作为开数。

例：客户成品规格是 23 cm × 20 cm，这是大正度多少开数？

用 80 克纸应选正度和大度多少开数呢？

（119.4 ÷ 23）刀 =5 刀（20 开），（109.2 ÷ 23）刀 =4 刀（20 开）；

（119.4 ÷ 20）刀 =5 刀（15 开），（109.2 ÷ 20）刀 =5 刀（15 开）；

（88.9 ÷ 23）刀 =3 刀（15 开），（78.7 ÷ 23）刀 =3 刀（15 开）；

（88.9 ÷ 20）刀 =4 刀（20 开），（78.8 ÷ 20）刀 =3 刀（20 开）。

大度：0.03 元 / 张。

正度：0.0327 元 / 张。

（以上价格是通过上述公式计算的结果。）

应选用大度纸做印刷纸张。

十、拼版上机

定律：印刷品规格相加不超出印刷机印刷规格，该印刷品规格称为拼板上机规格。

例：8 开上机尺寸：正度 27 cm × 39 cm，大度 44 cm × 29.5 cm；

4 开上机尺寸：正度 54 cm × 39 cm，大度 44 cm × 59 cm；

对开上机尺寸：正度 78 cm × 54 cm，大度 88 cm × 59 cm。

拼板一定要按上述尺寸拼板上机，尤其不规则尺寸，一定首先想到这一点。

十一、印前费用

开机印刷前的工序的费用叫印前费用；印刷后再有的加工工序的费用叫印后加工费用。

打字、设计、制作、扫描、胶片、硫酸纸、喷墨打样、激光打样、电分、电分打样、接稿、校稿、车费均为印前费用。

烫金、凸凹、压纹、过塑、压线、啤、粘、切、包装、运费均为印后加工费用。

十二、计算开机费

定律：四色彩印成品的印刷费用叫开机费。

双色四开印刷机：500 ～ 800 元 / 万张 16 开。

双色对开印刷机：800 ～ 1 200 元 / 万张 16 开。

四色对开印刷机：1 000 ～ 1 500 元 / 万张 16 开。

四开机：100 ～ 200 元 1 张板 / 万张 16 开。

六开机：50 ～ 100 元 1 张板 / 万张 16 开。

八开机：50 ～ 80 元 1 张板 / 万张 16 开。

以上是根据印刷品的难度、时间、色泽来定的开机费。

十三、印前费用报价

（1）设计费：200 ～ 500 元 /P（包打样、胶片）。

制作费：130 ～ 200 元 /P（包打样、胶片）。

打字费：10 元 /P5（根据多少和难度而定）。

（2）胶片、硫酸纸费用。

进口胶片：10 元 / 页。

国产胶片：8 元 / 页。

硫酸纸：2.00 元 / 页。

喷墨打样：15 ～ 20 元 / 页。

（3）扫描（根据扫描网点数和多少而定）：300 线，0.70 元 / 兆。

本章要点

　　本章重点论述的内容是包装创意设计的原则及方法、包装设计的程序方法与制作规范及包装印刷工艺的相关知识。

练习与思考题

1. 收集包装设计的图片资料，增强学生的感性认识，并作资料分析。

2. 参观包装印刷企业，了解包装材料和最新的包装印刷工艺及流程；与企业合作，将企业设计订单与课堂作业结合，培养学生的实际工作能力。

3. 提出包装企业质量问题的相关案例，师生共同分析、处理，使学生在案例中积累经验，不断适应企业需求。

BAOZHUANG SHEJI

第七章

包装设计呈现的新趋势

■■ 学习提示 ■

通过对本章的学习，学生要了解现代包装设计的发展趋势，关注包装设计的前沿动态，特别是对绿色包装设计的理念与方法要有所掌握。

■■ 学习目标 ■

［了解］现代包装设计的发展趋势。

［理解］绿色包装设计呈现的新趋势。

［掌握］绿色包装设计的理念与方法。

第一节　绿色包装设计

随着 21 世纪绿色思想的提出，全世界掀起了以保护环境和节约资源为中心的绿色革命，绿色包装已是世界包装变革的必然趋势，谁先认识到这一趋势并及早行动，谁就将在新一轮的世界市场竞争中处于主动和不败的地位。中国对环境保护问题日益关注，并利用当前这一变革趋势，按照绿色包装保护环境、节约资源的理念，从商品确定、原材料选择、工艺设备选用、生产路线制订、流通销售，以及对废弃物处理与利用等方面对整个生命周期的生产技术进行了变革，建立起了我国崭新的绿色包装工业体系。

在材料使用方面，要求多使用可进行生物降解和循环使用的材料进行包装；在宣传方面，则在外包装上出现"请在抛弃这个包装时注意环境的清洁"等字样，提醒并提高人们的环保意识；在视觉表达方面，受绿色设计主题的影响，设计群体也相应提出了"少就是美"的设计方向，提倡设计画面时，通过编排组合各设计元素，去繁就简，反对过度设计，以取得最佳视觉效果。设计群体还认为包装设计应具有直接性，这是因为包装设计负载着在短时间内通过自身色彩、造型等视觉语言吸引和打动消费者的任务，所以简洁、明快而富有寓意的符号被广泛应用于各种商品的包装。通过简洁的包装造型形态和器皿的设计，直接明确地暗示了商品的功能与用途，编排的巧妙与新奇为消费者的视觉感官带来新的享受，如图 7-1 和图 7-2 所示。

图 7-1

图 7-2

一、绿色包装的内涵

绿色包装一般应具有以下五个方面的内涵。

（1）实行包装减量化（reduce）。包装在满足保护、方便、销售等功能的条件下，应是用量最少的适度包装。

（2）包装应易于重复利用（reuse）或回收再生（recycle）。通过生产再生制品、焚烧利用热能、堆肥化改善土壤等措施，达到再利用的目的。

（3）包装废弃物可以降解腐化（degradable）。为了最终不形成永久垃圾，包装废弃物要能降解腐化，进而达到改良土壤的目的。reduce、reuse、recycle 和 degradable 即是当今世界公认的发展绿色包装的 3R 和 1D 原则。

（4）包装材料对人体和生物应无毒无害。包装材料中不应含有有毒性的元素、病菌、重金属，或这些有毒物质的含有量应控制在有关标准以下。

（5）包装制品从原材料采集、材料加工、商品制造、商品使用、废弃物回收再生，到其最终处理的全过程均不应对人体及环境造成公害。

绿色包装设计实例如图 7-3 和图 7-4 所示。

图 7-3

图 7-4

二、绿色包装的分级

绿色包装分为 A 级和 AA 级。

（1）A 级绿色包装是指废弃物能够循环复用、再生利用或降解腐化，含有毒物质在规定的限量范围内的适度包装。

（2）AA 级绿色包装是指废弃物能够循环复用、再生利用或降解腐化，且在商品的整个生命周期中对人体及环境不造成公害，含有毒物质在规定的限量范围内的适度包装。

上述分级主要是考虑包装使用后的废弃物处理问题，这是当前世界各国在保护环境的过程中关注的污染问题，这是一个过去、现在、将来需继续解决的问题。生命周期分析（life cycle assessment，简称 LCA）既是全面评价包装环境性能的方法，也是比较包装材料环境性能优劣的方法，但在解决问题时应有轻重、先后之分。

包装设计实例如图 7-5 和图 7-6 所示。

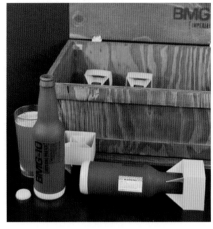

图 7-5

图 7-6

三、绿色包装的作用

绿色包装有利于保护自然环境，避免废弃物对环境造成危害。包装材料本身包含的某些化学成分有可能会对周围环境造成一定影响，如以前使用的泡沫餐盒蒸发后产生的乙烯等成分严重超标，长期置于环境中将对周围的生态环境造成严重的破坏，形成一道白色污染带。采用绿色包装时，对包装材料进行严格的把关，可以避免废弃物对环境的不良影响。另外，采用绿色包装可对包装材料进行重复利用，这样有利于增加相对资源，缓解资源紧张的现状。因此，绿色包装既有经济效益又有社会效益，是两者的有机统一。绿色包装是一个动态的概念，随着科学技术的进步，绿色包装的总趋势是在保护环境的基础上使包装使用周期总成本逐步最小。

绿色包装设计实例如图 7-7 所示。

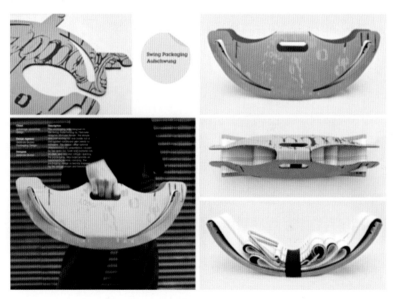

图 7-7

四、绿色包装的途径

绿色包装的途径主要有：促进生产部门采用尽量简化的以及由可降解材料制成的包装；在流通过程中，应采取措施实现包装的合理化与现代化。

（1）包装模数化。确定包装基础尺寸的标准即为包装模数化。包装模数标准确定以后，各种进入流通领域的商品便需要按模数规定的尺寸进行包装。模数化包装有利于小包装的集合，可利用集装箱及托盘对小包装进行装箱、装盘。包装模数如能和仓库设施、运输设施的尺寸模数统一，将有利于商品的运输和保管，从而实现物流系统的合理化。

（2）包装的大型化和集装化。包装的大型化和集装化有利于实现物流系统在装卸、搬迁、保管、运输等过程中的机械化，加快这些环节的作业速度；有利于减少单位包装，节约包装材料和包装费用；有利于保护货体。如采用集装箱、集装袋、托盘等集装方式。

（3）包装的多次、反复使用和废弃包装的处理。采用通用包装，不用专门安排回返使用；采用周转包装，可多次反复使用，如饮料瓶、啤酒瓶等。梯级利用是指一次使用后的包装物用毕转作他用，或简单处理后转作他用，或对废弃包装物经再生处理后转作他用或制作新材料。

（4）开发新的包装材料和包装器具。包装的发展趋势是包装物的高功能化，用较少的材料实现多种包装功能。

包装设计实例如图 7-8 和图 7-9 所示。

图 7-8

图 7-9

五、绿色包装的标识和法规

1. 绿色包装标识

1975 年，世界上第一个绿色包装的"绿点"标识在德国问世。该"绿点"标识是由绿色箭头和白色箭头组成的圆形图案，上方文字由德文 DERGRNEPONKT 组成，意为"绿点"。

"绿点"的双色箭头表示商品或包装是绿色的，可以回收使用，符合生态平衡、环境保护的要求。1977 年，德国政府推出"蓝天使"绿色环保标识，将该标识授予具有绿色环保特性的商品（包括包装）。"蓝天使"标识由内环、中间和外环构成，内环是由联合国的桂冠组成的蓝色花环；中间是蓝色小天使双臂拥抱地球状的图案，表示人们拥抱地球之意；外环上方为德文循环标识，外环下方则为德国商品类别的名字。

德国使用环保标识后，许多国家也先后开始使用商品包装的环保标识，如加拿大的"枫叶标志"，日本的"爱护地球"，美国的"自然友好"和证书制度，中国的"环境标志"，欧共体的"欧洲之花"，丹麦、芬兰、瑞典、挪威等北欧诸国的"白天鹅"，新加坡的"绿色标识"，新西兰的"环境选择"，葡萄牙的"生态产品"等。

1993 年 6 月，国际标准化组织成立了环境管理技术委员会（TC207），制定了像质量管理那样的一套环境管理标准。迄今为止，TC207 已制定了一些标准（例如 ISO14000）并颁发实施。美国的企业界、包装界纷纷实施 ISO14000 标准，并制作了相关的环境报告卡片，对包装进行寿命周期评定，完善了包装企业的环境管理制度。日本在 1994 年 10 月成立了环境审核认证组织；欧共体在 1993 年 3 月发布了《欧洲环境管理与环境审核》，并于 1995 年 4 月开始实施；我国的一些企业开始实施 ISO14000 标准，但与国外相比，还有一定差距。

绿色包装标识如图 7-10 所示。

图 7-10

2. 绿色包装法规

1981 年，丹麦政府鉴于饮料容器空瓶的增多带来的不良影响，推出了《包装容器回收利用法》。这一法律的实施影响了欧共体内部各国货物自由流动的协议和成员国的利益，于是一场"丹麦瓶"的官司打到了欧洲法庭。1988 年，欧洲法庭判丹麦获胜。欧共体为缓解争端，于 1990 年 6 月召开都柏林会议，提出了"充分保护环境"的思想，制定了《废弃物运输法》，规定包装废弃物不得运往他国，各国应对废弃物承担责任。

1994 年 12 月，欧共体发布了《包装及包装废弃物指令》。《都柏林宣言》之后，西欧各国先后制定了相关法律法规。与欧洲相呼应，美国、加拿大、日本、新加坡、韩国、中国香港、菲律宾、巴西等国家和地区也制定了包装的法律法规。

我国自 1979 年以来，先后颁布了《中华人民共和国环境保护法》《固体废弃物防治法》《水污染防治法》《大气污染防治法》等 4 部专项法和 8 部资源法，30 多项环保法规明文规定了包装废弃物的管理条款。1984 年，国家设立了环境保护委员会；1994 年 5 月，中国环境标志产品认证委员会正式成立，并开始实施环保标识制度；1998 年，各省绿色包装协会成立。

3. 绿色包装的手段

（1）从用材方面入手，可采用的主要手段有使用可降解塑料、纸制品包装、玻璃和竹包装等。

（2）从可重复使用、再生、可食、可降解方面入手。

包装设计实例如图 7-11 至图 7-13 所示。

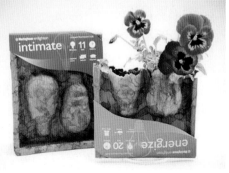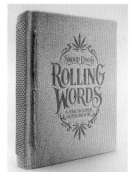

图 7-11　　　　　　　　　　图 7-12　　　　　　　　　　图 7-13

4. 我国如何积极发展绿色包装

1）积极开发绿色包装材料

· 避免使用含有毒性的材料。

· 尽可能使用循环再生材料。

· 积极开发植物包装材料。

· 选用单一包装材料，这样不必使用特殊工具即可将材料解体，还可以节省回收与分离时间，避免使用黏合方法而导致回收、分离困难。

相应的包装设计实例如图 7-14 和图 7-15 所示。

图 7-14

图 7-15

2）在环境标识方面向国际靠拢

ISO14000 环境管理体系国际标准规定，对不符合该标准的商品，任何国家都可以拒绝进口，从而使不符合标准的商品被排除在国际贸易之中。我国的环境标志制度商品种类较少，远不能满足对外贸易发展的需要，因此，只有顺应 ISO14000 环境管理体系国际标准这一国际潮流，采用积极有效的手段迎头赶上，才能从根本上保护我国的外贸利益，在典型引路的同时，普及 ISO14000 这项标准体系。此外还应及早研究国际环境标准，通过行政立法程序将该国际标准转化为国家标准，在全国范围内推广使用，与该国际标准有关的国内配套法规亦应尽早制定。

3）包装设计方面要突出环保内涵

设计者必须调查国际市场对环保包装的具体要求，例如出口国有关环保包装的法规、消费者环保消费观念的深度、绿色组织活动、环保包装发展趋势等，以便在包装设计时充分考虑这些因素。另外，在包装设计中还应考虑突出环保营销的标志，这种标志不同于环境标志，它可由制造商、供应商或批发商自行设计，用以表示某种商品特定的环境品质，以取得消费者的好感，达到扩大营销的目的。相应的包装设计实例如图 7-16 所示。

图 7-16

4）加大对包装物回收利用技术研究的鼓励与支持

在英国，某化学公司发明了一种新型的生物降解塑料，这种塑料不仅具有以往一些塑料的耐久、稳定及防水等性质，而且像自然界里许多有机物一样，能迅速、有效地分解为二氧化碳和水；在美国，某化学公司制成了一种新型塑料——乳酸聚合物，它是由可再生资源（如干酪乳清和玉米）制成的，在水分、空气和菌类共存的条件下，这种塑料在半年左右的时间里就可降解为二氧化碳和水，因而，它非常适用于快餐业、食品工业和餐具的包装材料。相应的包装设计实例如图7-17所示。

图7-17

第二节　简约化包装设计

一、简约化包装设计的缘起

在20世纪80年代，简约设计作为一种追求极端简单的设计流派在欧洲兴起，这种风格将商品的造型简化到极致，从而产生了与传统商品迥然不同的外观，深得新一代消费者的喜欢。

在经济高速发展导致环境严重破坏的今天，节约能源、保护环境等新兴价值观已被日益认同，这在一定程度上构成了简约设计存在与发展的社会基础。人们将目光投向简洁、清新、自然的风格，也许是因为快节奏的生活步伐已使人们感到疲惫不堪，人们渴望心灵的片刻小憩，这就促使设计者为自己重新定位，思考如何简化包装设计。

二、简约化包装设计的方法

1. 符号单纯化和秩序化

在简约化包装设计中，单纯或具有秩序的图形符号可以让视觉中心突出，易于迅速识别和记忆，具有很强的符号指示性作用。秩序的应用可使复杂事物达到规律化、单纯化及整洁化，使事物具有独特魅力。对比与统一、均衡与变化等都是秩序化的法则和形式。

　　根据心理学家的研究，人们的视知觉偏爱于单纯的矩形、直线、圆形等简洁、完整的图形符号。图形的秩序结构很容易被视觉所把握，它的内在形式规律可以产生视觉延伸效应，满足人们追求舒适、稳定的视觉心理要求。在庞杂的视觉信息群中时，往往那些单纯的、秩序的、完整的、对比性强的信息首先被摄入视觉范围内，这是因为单纯化和秩序化的图形与人们视觉经验里的大多数自然或人工形态形成了鲜明对比，单纯化和秩序化的图形更容易受人注意。

　　简约化包装中的秩序化图形可以将多样变化的丰富性纳入有条理的组织中，在变化和规律之间保持适度的关系。比如在规则图形中破以部分不规则，在渐变、重复构成中采用变异手法，让包装的视觉效果更加丰富。

　　相应的包装设计实例如图 7-18 至图 7-20 所示。

图 7-18

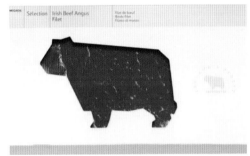
图 7-19

图 7-20

2. 图形符号抽象化

　　抽象化图形符号比具象化图形符号更注重意象的传达，这使得复杂情感的传达可以以简洁、生动的装饰形式来展现。抽象化图形更能触发消费者的联想活动，并且可以最大限度地与不同消费者的主观意识相匹配。通过对大量的资料分析得出，抽象是将经验构造成某种形象符号的方法，这种方法可以让消费者综观、了解许多特定的事态。我们可把抽象化图形与符号化图形的关系理解为前者被包含在后者的范畴之内。抽象化图形是将对象的本质概念抽出，形成具有模糊性和非线性特征的符号。因此，对于抽象化图形的有效沟通和理解，需要包装和消费者之间有某种共同或类似的经验作为桥梁，不同的视觉经验和社会文化会对相同的抽象化图形产生不同的理解。抽象化图形具有信息传达的模糊性，视觉心理会自动寻找与自身已有的视觉经验相匹配的认知信息，这就是为什么抽象艺术总是能引起更多不同的联想的原因。

　　相应的包装设计实例如图 7-21 至图 7-23 所示。

图 7-21

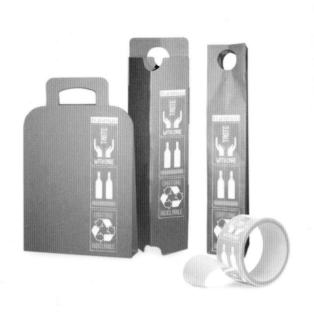

图 7-22

图 7-23

3. 空白图形

简约化包装设计的目的是用有限的设计元素创造最佳、最丰富的视觉效果。在图形设计中，有意识、有目的地利用空白，不仅能够简化设计，增加信息承载量，而且能够极大地丰富图形的表现形式，给消费者留下深刻印象。空白图形的设计是灵活多变的，以空白形式呈现的"不完全形"和"正负形"是两种常见形式。包装设计通过设计具有良好连续性的空白空间，不仅可以丰富设计语言，而且可以激发出受众更多的视觉兴奋点。当一个"不完全形"呈现在我们眼前时，它会引起我们视觉中的一种追求完整、对称、和谐和概括的强烈心理倾向，经过视觉的延续作用，自觉地将它补充成符合视觉需要的完整状态。巧妙地使用视觉心理的"完形"规律，可以使简约化包装展现出极为丰富的视觉效应，如图 7-24 和图 7-25 所示。

图 7-24

图 7-25

4. 文字图形化

文字是传承、记载社会文明的载体，是人类文明的象征，是人与人相互沟通的桥梁，它的产生与发展是人类社会进步的标志。从视觉传达的角度来说，文字本身就具有图形符号的审美效应。任何一个视觉物象都必定是由造型元素构成的，而对真实的物象来说，任何一个元素的缺乏都是不成立的，这是事物物质性的体现，文字在这里也是如此。笔画所分割的空间和笔画本身都可以看作是具有特定含义和固定形态的一种图形。文字的发展规律为文字的图形表述提供了依据，可以尝试依照由简单到象形的设计规律，通过寻找某一文字的象形根源来实现由文字向图形的转换。对文字的表现越是抽象，其所引发的联想的外延就越广阔。符号化的文字图形的视觉形式有利于展现简约化包装设计的人文魅力，如图 7-26 至图 7-30 所示。

图 7-26

图 7-27

图 7-28

图 7-29

图 7-30

第三节 人性化包装设计

随着社会经济发展的需求、社会意识形态的变化，消费者的价值观、审美观都在变化。对感性的视觉审美观念、方便合理的利用、不断增强的环保意识三个方面的分析，揭示了商家与设计者对包装设计观念的改变，更加理想地体现了现代包装设计越来越趋向于人性化设计的特点。

美国设计师普罗斯说过："人们总以为设计有三维：美学、技术和经济，然而更重要的是第四维：人性。"因此，现代商品的包装设计应以包装结构、包装材料、使用便利、环境保护，特别是为消费者考虑为设计重点。这才是现代商品包装设计中一个引人注目的亮点——人性化包装设计。

一、什么是人性化包装设计

简单地讲，人性化包装设计就是以人为本的包装设计，其中一个宗旨是通过形状、文字、名称和声音去设计一件对人有意义及亲切的事物。

从现代设计的观点来看，包装设计更加注重人性化设计的因素。李砚祖先生认为："什么是好的设计？处于技术水平、市场需要、美学趣味等等条件不断变化的今天，很难有永恒评判的标准。但有一点则是不变的，那就是设计中对人的全力关注，把人的价值放在首位。"李先生的观点反映了设计界对人性化的关注和重视，这也说明了设计是人的设计，即满足人的生理和心理的需求、物质和精神的需要。从这一意义上讲，设计人性化和人性化设计的出现，完全是设计本质要求使然。因此，设计的人性化成为评判设计质量的不变标准。

人性化包装设计如图 7-31 至图 7-33 所示。

图 7-31

图 7-32

图 7-33

二、包装色彩的人性化

从包装色彩、包装结构和包装材料的人性化方面可以充分体现出人性化包装设计。成功的包装设计善于积极地利用有针对性的诉求，通过色彩的表现把所需传播的信息进行加强，并与消费者的情感需求进行沟通、协调，使消费者对商品包装产生兴趣，进而产生购买行为。色彩诉求与情感需求获得了平衡，往往是消费者因为心仪的包装而欣然解囊的原因之一。包装色彩的人性化还体现在很多方面，有以突出商品特定的使用价值为目的的色彩使用功能，如药品包装的红色表示滋补身体，蓝色表示消炎退热，绿色表示止痛镇静等；有以传达商品特征为目的的色彩形象功能，如辛辣食品采用红、黑色为形象色，清凉饮料采用蓝、绿色为形象色；还有区分系列商品的不同价格档次、不同类别的商品分类功能，以及刺激消费者心理的营销功能、审美功能等，如图7-34和图7-35所示。

图 7-34

图 7-35

包装为商品而设计，而商品出自企业，因此包装设计折射出企业的文化形象。比如可口可乐的包装设计不仅赋予商品品牌内涵，更是可口可乐企业文化积累的一种反映，那种朝气蓬勃、热情似火的企业精神已渗透世界各地。但是，包装人性化色彩的运用不会只停留在传统的理解认识上，如在食品业中，传统观念认为应更多地采用易于产生食欲的暖色调进行设计，但如趣多多食品在色彩上则运用了传统工业包装中的蓝色，怡口莲食品运用了通常被视为忌色的紫色。紫色通常是女性的颜色，高贵、浪漫，符合大众的口味，也是友人之间赠送礼品的最佳选择。因此，在情人节购买怡口莲的大多数是情侣。怡口莲在色彩上抓住了消费者的心理，从而取得了很好的销售业绩。在色彩上抓住消费者的心理是包装设计在色彩视觉上取胜的原因，也是制胜的规律，如图7-36和图7-37所示。

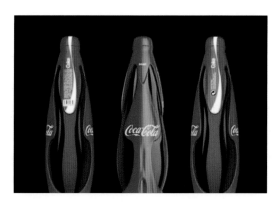

图 7-36

图 7-37

三、包装结构的人性化

包装设计的功能性永远是第一位的。无论设计怎样的造型，都应赋予它简洁的原则。设计师不应该一味地追求新颖的材料和新奇的造型，从而忘记包装的基本要求——安全可靠性和方便性。如我们在市场上常见到一种包装形式——开窗式纸盒，这种包装形式在化妆品、食品等方面使用得比较多。开窗式纸盒有局部开窗、盒盖透明和多面透明三种形式，一般与透明塑胶片结合使用。开窗部位能够显示出商品，便于消费者选购。这样的包装不仅添加了包装的形式美感，而且使消费者在购物时心理上有一种踏实感。还有一种与此包装相似的包装形式，就是在纸盒的某一部位开一个缺口或者是加上一个附件，可以使粉状、粒状、块状或者流质的商品倒出来使用。这种纸盒结构是多元化的，为方便消费者使用，可根据商品的不同用途做相应的特殊处理。这些都说明现代商品的包装不仅在于功能性，更应该考虑到它的结构是否合理，如图 7-38 至图 7-40 所示。

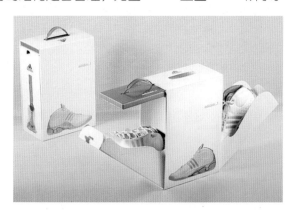

图 7-38

图 7-39

图 7-40

四、包装材料的人性化

不同的商品，考虑到它的运输过程和展示效果等，其包装使用的材料也不尽相同，如纸包装、金属包装、玻璃包装、木包装、陶瓷包装、塑料包装、棉麻包装、布包装等。在包装设计时，根据不同的商品、商品的消费人群及商品的性质选择不同的材料、结构来设计。目前，纸盒包装是各种包装材料中运用最广泛的。纸盒包装的质地轻巧柔韧，便于制作、陈列、运输、存储和处理，并且价格低廉，可以保护各种商品。

总之，我们现在的商品包装不仅要在色彩、结构上趋向人性化，在包装材料上更应该做到以人为本。设计的人性化将是未来设计的必然趋势和最终结果。但是，设计的人性化是以设计的理性化和功能性为前提的，离开科学结构的理性化和合理的功能性，人性化将走向极端，最终将违背人性。因此，满足人性化需求是包装设计的最终目标，如图 7-41 至图 7-43 所示。

图 7-41

图 7-42

图 7-43

人性化设计理念的实现是现代设计的高端要求。同所有设计一样，包装设计也需要注入人性化理念和人文关怀精神。在商品供需竞争趋于白热化的今天，人与商品的关系不仅建立在供应与需求的基础上，更建立在认同、理解、情感共鸣等人性化交流的关系上。人们力图通过商品包装迅速了解商品的功能、质量、品牌，以及由此建立起的信誉，这需要包装设计有较强的传导力和视觉冲击力。同时，还应以朴实、诚恳和真实交流的人性化姿态，引导人们消费，激发人们的购买欲，并在此过程中满足人们的相互需求。

在现代设计中，无论哪个领域的设计都强调环境的保护、资源的再利用，强调人性化、以人为本。以人为本既包括传统设计中的人体工程学（符合人的生理和身体尺度、人的感觉器官的舒适度），还包括人的精神需求。从现代通用设计的观点来看，在包装设计中同样也存在人性化设计的因素，如图 7-44 和图 7-45 所示。

欧洲市场上销售的依云（evian）矿泉水，其包装设计得很有创意。在该瓶盖上有个环，可以使人提着水走，瓶盖上面有个突起，用手指抵在此掀开瓶盖，就可以露出里面的喝水口，用手捏瓶体将水喷入口中，喝完将瓶盖盖上，"咔"一声，利用塑料的弹性搭扣锁住瓶盖，这样既卫生又方便。在喝水的设计上，还考虑了喝水时出水的流畅性，因此设计了进气口，如图 7-46 所示。

图 7-44

图 7-45

图 7-46

第四节 交互式包装设计

交互式包装设计为包装设计的一个新视角。交互式包装设计的目的是在商品与人之间建立起一种新的沟通桥梁，使商品与人之间形成新的交流模式。包装的印刷是成功的关键，也是市场的需要。交互式包装涵盖了视觉包装、功能包装和智能包装，超越了仅以图像的模式来传递商品信息的方式。交互式包装设计是以实现用户目标为中心，对包装制品的行为方式以及传达这种行为的包装功能、包装形式和外在视觉元素的研究、规划与设计。在包装设计过程中，不仅要注重包装的实用性与人性化，更应该关注包装与用户之间的交互体验的调节与引导。

以交互体验为导向的人性化包装设计是当代商品包装人性化的一种体现。以交互体验为导向的包装设计突破了传统的以改善图像效验来提升商品包装视觉效果这一范畴，该包装设计成为当代商品包装设计的新趋势。可分别从视觉、听觉、嗅觉、味觉、触觉五个方面总结归纳出包装设计中人性化的交互体验的主要构建途径。

交互式包装设计实例如图 7-47 所示。

图 7-47

　　在现代社会中，日用品已经成为生活中不可缺少的部分。日用品的包装是伴随商品使用而出现的产物，包装除了具有保护商品本身价值的作用外，更多的作用是提升商品的附加值。经过对市场上现有的儿童日用品包装的调研发现，大部分的儿童日用品包装都存在一些问题，比如功能性匮乏、单一，结构过于简易，缺乏童趣，很难吸引住儿童这个特殊的消费群体，没有真正地发现儿童的心理需求。儿童的成长是一个较漫长的过程，不同年龄阶段的儿童都会有不同的生理和心理特征。所以在儿童的不同时期，对周围的环境特征也需要提供相对应的支持与帮助。此次的研究对象为学龄前的儿童，他们无论是从生理上还是心理上都没有成熟，都正处于发育阶段，儿童的思维方式、行为方式都不同于成年人。因此，就需要改善市场上现有的儿童商品的包装设计，使得儿童包装设计符合儿童所处阶段的需求和行为方式，真正地达到以儿童的需求为主的儿童商品包装设计。交互设计中的体验设计，最初是来自于用户和计算机界面的信息传递互动所产生的用户体验。交互设计是以用户为中心的设计，它关注消费者的心理和内心的最真实的感受，使得商品和使用者的联系变得更加紧密。在交互设计中，还要更加强调设计的趣味性、情感性，以及用户和商品的体验与互动。交互设计能够使用户在商品的使用过程中产生愉悦和欢快的体验。包装设计的人性化在现代已经被越来越多的设计者和用户所重视，而包装设计是为消费者服务的。因此在儿童日用品包装设计中，最重要的切入点就是以儿童用户为中心展开一系列的设计，运用交互设计理念中的人机互动和视觉影响等方式，使得包装的互动性吸引到成年人和儿童的注意力，并使他们产生购买欲，然后通过包装在互动中产生的趣味性让他们对商品产生好奇，并接受包装所要传达的信息。

　　包装设计实例如图 7-48 至图 7-50 所示。

图 7-48

图 7-49

图 7-50

　　交互设计是指在计算机科学领域整合多门学科知识，以用户为中心，研发有效、易用、使用户满意的界面和产品。交互设计在产品领域的研究和应用才刚刚起步。将交互设计理念引入到包装设计领域中，基于人机交互的设计思想和交互设计方法论，通过以用户为中心的行为、心理研究，满足用户和商品包装之间的交互感受，使未来的包装设计更具科学性和人性化，如图 7-51 和图 7-52 所示。

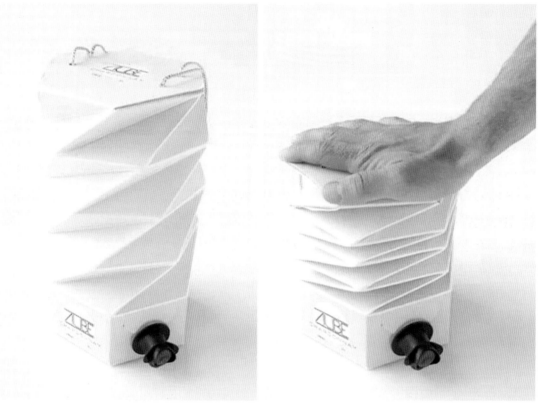

图 7-51

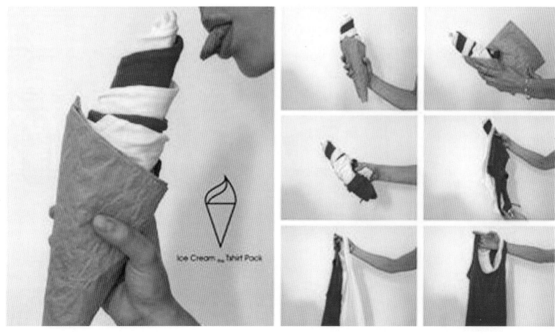

图 7-52

第五节　概念包装设计

一、概念包装设计

概念设计是艺术发展进程中，受意识形态中的概念艺术所影响而形成的设计模式。对于概念设计，部分学者有不同的认知与见解。随着人们的思想意识和科学技术的发展，受概念艺术影响的设计不断地被各个领域所引用，其思想的原动力、形式和内容以创新和领先的方式，在各个领域推动研究和应用，并发挥了积极的作用。

对于包装设计使用的概念艺术的方法，首先就是要解决概念艺术设计的目的性，哪些复杂的方式与过程可以表述概念艺术的意义与内在哲理。

城市规划、环境艺术、金融、材料、工程、教育、生活方式等方面都有引入概念设计的案例。概念艺术起源于 20 世纪 60 年代的先锋运动，它发展到今天显示出其内在的要素。其一，包括结合了艺术传统结构要素的现代绘画和雕塑。艺术品的每一个元素都是平等的、原创的、内聚力强的成分。其二，"抽象派还原艺术"思想，艺术传统的物质型走向结构。视觉上的元素受到挑战，文字的重要性日益突出。其三，通过整个 20 世纪的一系列反思，开始了艺术的信息时代。其四，对布局的影响，如何传达思想，作品与周围建筑环境的融合、与宣传的统一，对内在连续性、物质性的批判。

概念设计从形态中解脱出来。作品的重要性在于意义，不同的人会以不同的方式理解同一件作品，一件作品可以有成百上千种不同的形式。名义上来说，所有的艺术都是依赖先构建好的结构和传统规则来进行设计的。

在艺术的形式中提出概念设计的形式，归纳了设计所要求的条件，也可以说是概念设计的原则，因为从事设计都要遵循一定的原则，或传统，或现代，或后现代，或构成，或讲求形式严谨，或表现新颖独特，或立体真切，或动感十足。这些设计原则和设计形式创造出了多种多样、变化无穷的视觉形象世界，如图 7-53 和图 7-54 所示。

图 7-53

图 7-54

二、概念设计方法引入包装设计

　　我们应把概念包装设计作为一种最丰富、最深刻、最前卫、最代表科技发展和设计水平的包装来对待。概念包装的丰富性表现在功能、储运、展示、销售、结构、材料、工艺、装饰等方面，这些都是概念包装设计可研究、试验、表现的方方面面；概念包装需要就涉及的相关内容进行广泛、深入的挖掘，以及根据需要的目标主题，做到有据可依地进行设计，提炼出概念主题，进行深入开发，使得设计具有相当的深度，表现出当今最具前沿的设计思想和设计水平，同时也需要符合科技发展的水平。概念包装设计带来的相关技术课题推动着相关行业的共同发展，如图 7-55 至图 7-58 所示。

图 7-55

图 7-56

图 7-57

图 7-58

　　概念包装设计的价值在于对发展的、前沿性的市场有把握和操作的能力，能够引导消费，欣赏、改变使用方式和生活，使社会性的意义成为最大的课题，并显示设计者的责任。

　　从概念设计的层面来看，我们可以看出，概念包装设计的理论结构是展示科技实力和传达最新设计观念的有效途径，并且其艺术性最强、最具吸引力，代表了包装设计的前沿，主导着包装设计的发展潮流。概念包装设计既有艺术性，又有科学性。概念包装设计的艺术性和科学性表现在设计的不同层面上，它们共同构成了概念包装设计的整体，如图 7-59 和图 7-60 所示。

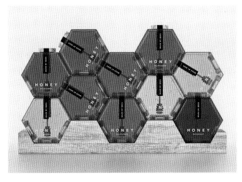

图 7-59

图 7-60

三、概念包装与包装设计的相互关系

概念包装是一门以创新为本位、以试验为基础、以未来需要为导向的设计学科。因此，我们无论是在理论上还是在实践中，都应把概念包装设计作为一种设计形态来对待。在当前社会中，设计理论的研究已不仅是一门学科的深入剖析，而应是多种学科交叉的统观。把概念包装设计作为一种设计体系来看待，也就不仅是简单的、新奇的设计形式满足和能刺激感官的设计花样需求所能代表的。概念设计的内涵是现代设计师在进行概念设计时必须掌握的，如图 7-61 和图 7-62 所示。

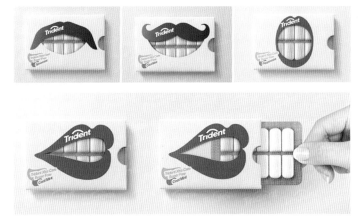

图 7-61

图 7-62

概念设计是社会发展、科技进步、生活改善的需要，那么概念设计是否可以说是包括设计的全部、满足需要所必须遵循的设计规则呢？概念设计的方方面面所形成的设计观念能否涵盖设计的全部？一般说来，概念设计是由许多艺术形式、设计要素构成的，是基于应用设计的不同层次的设计观念，是设计整体的一个组成部分。概念包装设计可分为以下三个方面。

第一，概念包装设计的功效方面。概念包装设计是包装设计的技术基础，主要指包含了设计要素的物质载体。概念包装设计是在基础功能性、易变性的特征的基础上努力满足新的需要，如各种包装设计应具备的功能——承载商品、保护商品、储运商品、销售商品。包装设计承载商品、保护商品、储运商品、销售商品的能力、场所，以及消费者在使用包装商品的过程中的消费行为等，都是概念包装所涉及的，这个层面可以形成独立的设计研究体系，如图 7-63 至图 7-65 所示。

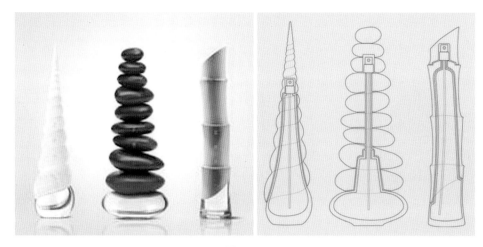

图 7-63

图 7-64　　　　　　　　　　　图 7-65

　　第二，概念包装设计的视觉方面。概念包装设计的视觉设计是概念包装设计的形态表现，也是概念包装设计基础的视觉物化。概念包装设计的视觉设计表现有较强的时代性和连续性，主要包括具有商品品牌、展示商品、形象装饰、商品广告内容的协调设计系统，各要素之间的关系，遵循社会市场规范、法规制度，判断市场消费需求，规范设计并矫正设计方向，以及处于主要地位。在这里，概念设计探求它们具有的发展过程、发展动态和发展趋势，在有限的空间里寻找新的突破，如图 7-66 至图 7-69 所示。

图 7-66

图 7-67

图 7-68　　　　　　　　　　　　　　　　　　　　　　　图 7-69

第三，概念包装设计的领先探索方面。概念包装设计的探索是一种发展状态，所以可以认为是创作的意识流露。概念包装设计的探索处于领先地位，它是依据设计系统各要素的一切活动的突破来进行的。科技的发展、生产力的提高和思想意识的进步，带来了对包装设计的创新需求，主要表现在对生产观念、生活观念、价值观念、思维观念、审美观念、道德伦理观念、民族心理观念等方面的新认识。概念包装设计的探索是设计结构中最为前沿的部分，也是设计的动力，它潜在于人的内心深处，并渴望发展变化，最终会直接或间接地在应用层上得到表现，并由此得出概念包装的发展规律，吸收、改造社会发展的未来，引领设计的发展趋势，如图 7-70 所示。

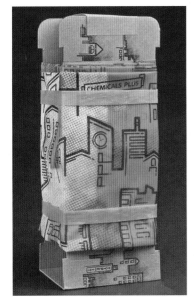

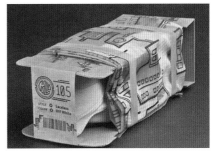

图 7-70

概念包装设计的三个方面彼此相关，形成了一个概念包装设计系统，构成了概念包装设计的整体。概念包装设计的物化层是最稳定的因素，它支撑包装的存在，就像建筑基础与空间。随着包装材料、包装技术的改革创新，先进科学技术应用到包装的基础层面上，影响着设计的应用层面。同时，概念包装设计的变化发展又总是首先在应用层上得到体现。应用层是最有市场权威的因素，它扮演着本质的角色。在市场上，商品包装更新换代、层出不穷。应用层规定概念包装设计的整体性质，是设计关系的重要纽带，更是概念包装设计得以科学、

有效实施的保障。这一层面由一整套内在的准则系统所构成，是包装设计师从事设计活动的准绳。不同的设计观念会带来不同的行为方式和社会结果，认识到新环境强加于我们的新要求，并掌握符合这样的新要求的新思想、新观念和新手段，正是对设计观念的新高度的探索。在物化层、应用层、探索层三者之间，前两者互相依存、密切结合，并综合反映在每一个具体的包装设计活动和设计作品中，而第三个层面不断为前两个层面提供着精神概念和物质概念，为它们探索着发展空间，引领着概念包装设计的未来。

第六节　虚拟包装设计

包装设计反映着时代的特征，同时时代的发展也推动着包装设计的发展。计算机信息技术飞速发展，虚拟现实技术不断完善，由此产生一种全新的商品——虚拟商品，与其相对应的虚拟包装给包装设计行业带来了新课题与前所未有的发展空间。

一、虚拟包装的定义

虚拟包装，顾名思义，是对虚拟商品进行包装。要说明虚拟包装的定义，首先要对虚拟商品下定义。虚拟商品是指以计算机为载体，以网络为平台，通过虚拟现实技术手段设计和制作的、具有使用价值和交换价值的、在虚拟空间中流通和使用的物品，其实质就是计算机里一串二进制的数据。常见的网络游戏道具，电子邮件，电子贺卡及虚拟世界里的土地、建筑、装饰品都可以归入虚拟商品的范畴。

虚拟包装在网络生活中越来越常见，电子信封、道具包、虚拟礼品包装都属于虚拟包装。

二、虚拟包装的构成

虚拟包装艺术是一门区别于以往传统包装艺术的新兴综合艺术，它融合了视、听、触及未来更多无限可能的要素形式。

1.视觉要素

网络时代是眼球经济的时代，虚拟包装作为一种新型的、综合的包装类别，传达给人们的视觉要素形式非常丰富。归纳起来，虚拟包装的视觉要素主要有以下四种。

第一，图形要素。图形是决定虚拟包装主题和视觉效果最关键的因素。图形符号是一种国际化的视觉语言，不受时间、地域、语言、国度的限制与影响。

第二，文本要素。文字信息比图形信息更准确。在虚拟世界里，文本用以对信息进行描述，如显示标题、菜单，以及对物品的属性进行描述，也用于使用者之间的交流。

第三，色彩要素。色彩在任何设计里都是最重要的部分之一。色彩设计在营造视觉冲击力、吸引用户注意力上起着重要作用。合理搭配虚拟包装的色彩可充分展示虚拟包装的特色，唤起情感的共鸣。

第四，动态影像要素。动态影像包括动画和视频。动态影像打破了文字和图形构成的静态包装形式，起到交代事情变化过程的作用，并且有极强的视觉冲击效果。虚拟包装的打开和折叠，以及界面中的导航按钮等都可以动画的形式展现。

2. 听觉要素

声音存在于生活中的每一个角落，是人们获取信息的重要途径。通过声音信号对视觉加以引导，可以提高用户接收信息的准确度和速度。听觉是虚拟包装特有的元素，是一维、三维虚拟声音的形式体现。虚拟包装的听觉要素主要有以下三种。

第一，操作提示音。在对虚拟包装进行操作时，不同的提示音可以帮助我们更加快速、准确地做出判断，如错误操作发出的声音较尖锐，正确操作发出的声音则较舒缓。

第二，背景音乐。在缤纷的虚拟包装世界里，切合主题的音乐、旋律是必不可少的要素。欢快的音乐可以烘托出虚拟世界里节日的氛围，而在对抗类游戏中，紧凑、急促的音乐则可渲染出紧张、激烈的氛围。

第三，语音对话。语音对话既包括人机对话（例如在游戏中用于指导玩家接受和完成任务的语言），也包括虚拟世界里人与人之间的语音交流。语音对话增强了虚拟包装世界的沉浸感和交互性，使人们能够畅游人性化的虚拟世界。

3. 触觉要素

虚拟触觉是虚拟现实技术发展的卓越成果，虚拟触觉带给我们一个更真实的虚拟世界。虚拟包装设计中的触觉元素有以下两种。

第一，视错觉。视错觉就是将不同的材质、肌理以图像的形式模拟在虚拟包装上。通过这种模拟，我们可以由经验联想到不同质地的材料的质感，或柔软，或坚硬，或光滑，或粗糙。

第二，真实触觉。真实触觉即通过数据手套、手柄等虚拟设备让体验者感受到真实的触感。真实触觉可以大大提升虚拟视觉的真实感和亲和力。例如，在玩枪战游戏时进行连续射击，手柄会持续振动，这样玩家可以真真切切地体会到虚拟世界中的触觉。

三、虚拟包装的特征

1. 虚拟包装与真实包装的比较

（1）包装理念随着社会的发展而变化。总体来看，实用、经济、美观是实物包装设计的基本原则。与实物包装相比较，虚拟包装对经济、美观的要求并没有削弱，但由于其内容物和包装构成的特殊性，虚拟包装的实用原则不再受物质的限制。一棵大树可以包装在一个糖果盒里而不显得局促，纸可以用来包火。设计师可以创造出突破物质局限和超越人类想象的新感官效果，并且不会造成物质的浪费，这样使得虚拟包装设计的自由度、灵活度得到空前提升。

（2）包装技术。实物包装技术可归纳为以下五个部分：包装材料与容器、包装印刷与装潢、包装动力学与运输包装、包装机械，以及包装设计。实物包装技术涉及力学、材料、生物、机械、艺术、管理、计算机等多个学科。虚拟包装技术则主要涉及计算机和艺术设计两大学科，虚拟包装的运用依赖于计算机程序，而虚拟包装的外观是艺术设计的呈现。建模渲染引擎是虚拟包装的核心，设计师利用计算机可以设计出逼真的三维虚拟包装，提供给受众自然、亮丽的三维画面感受。多媒体艺术是虚拟包装的血肉，它将各种表现媒体集为一体，加入交互功能，带给我们更人性化的虚拟体验。

（3）表现形式。形态各异的商品决定了包装具有丰富多彩的表现形式，从材质、形态、包装装潢上讲，包装所体现的信息以及传递美感的方式是数不胜数的。虚拟包装设计的表现形式比实物包装设计的表现形式更

为丰富，主要体现在两点：一是将声音引入到包装设计中，使包装成为视觉与听觉并重的设计；二是将动画和视频引入到包装设计中。实物包装设计呈现的是静态美，而完整的虚拟包装是一个动态的过程，表现了包装的动态美。

2. 虚拟包装的特征

（1）数字化。数字化是虚拟包装设计的技术基础，虚拟包装中的图像、文字、声音等各种信息都是用二进制来表示的。用0和1可以生成任何虚拟物品，描述千差万别的虚拟包装。

（2）时间可逆性。现实的时间是永远动态向前发展的，而在虚拟世界里，时间却是可逆的。虚拟世界里的时间有两种：一种是用户使用计算机的时间，这个时间是不可逆的；另一种是虚拟系统里各种事物发生、发展的过程，这个时间是可逆的。用户只要选择任一磁盘中保存的信息点，就能再现那时的声音和影像。

（3）空间自由性。虚拟空间提供给虚拟包装无限广阔的天地。虚拟包装创作、推广、访问的地点都非常灵活。虚拟包装本身的空间尺度根据包装创作的需要而具有随意性，商品的尺寸不再是包装设计考虑的必要因素。

（4）多感知集成性。虚拟包装由视觉、听觉、触觉三大要素构成，未来的虚拟世界发展还将带来包括嗅觉在内的更多感觉体验。虚拟包装集以上感官为一体，是多感知集成的技术和艺术。

（5）交互性。虚拟包装存在于软、硬件共同作用的、开放的交互界面里。在这个友好的界面里，受众不是被动接收信息，而是可以自主地采集、使用自己感兴趣的信息，满足个性化的要求。

（6）过程实时性。一件虚拟包装按照设定好的程序可展现对商品的保护、装饰、宣传的作用。在这个过程中，我们看到的图像、听到的声音都是依据设定好的时间而变化的。

（7）超越性。虚拟包装在技术手段、表现形式上都完成了对传统实物包装的超越，但从另一个方面来说，虚拟包装在设计理念上对传统实物包装的超越具有更加激动人心、改变世界的意义。虚拟包装在设计理念上超越了实体和物理空间的局限，具有主体的自我超越性和超自然性。

四、虚拟包装设计的原则

1. 个性化的表现形式

人性化倡导的是设计要符合人类的普遍需求，而个性化是在人性化的基础上的更高要求。任何缺乏个性和新意的设计在这个崇尚自我的时代里都不可能得到成功。个性化设计需要设计者洞悉受众的期望，全面认识，整体策划，找到独特的诉求点，通过适当的表现手段，提供给用户个性化的资源选择、个性化的界面定制、个性化的交互模式，满足人们的个性化需求。

2. 情感化的包装诉求

最初的虚拟现实过分强调其技术性和智能性，而当越来越多的个体参与其中并且构架起虚拟空间时，在虚拟空间里人与人之间的交流越来越多，片面发展技术已经不能满足人们在交往中沟通感情的需求。因此，将情感化的需求融入虚拟包装里是一种不可逆转的潮流。

3. 良好的商品性

如果一件虚拟包装没有良好的商品性，无论该包装设计得有多好、多华丽、多美观，也很难把商品推销出去。要实现包装的商品性，就要准确地把握虚拟商品的属性，全面了解市场情况和消费者的需求和喜好，要考虑卖什么、卖给谁、卖到哪里、怎么卖，以进行准确的市场定位。市场定位的准确性直接影响到虚拟商品的销量。

4. 个性化的交互界面

虚拟现实的本质就是一种人机交互界面。怎样融合人机之间的关系、享受技术带给我们的愉悦，并感受现实生活的真谛等问题，使人们对虚拟包装的易用性提出要求。交互性良好的虚拟包装可以让用户对商品要交代的内容一目了然，并从自身的角度对信息加以取舍和编辑。例如，在一个虚拟礼物包装上添加打开提示。

本章要点

　　本章重点论述的内容是包装设计发展的新趋势，包括绿色包装设计、简约化包装设计、人性化包装设计、交互式包装设计、概念包装设计、虚拟包装设计，以及其设计理念与方法。

练习与思考题

1. 自己动手设计、制作一个符合绿色包装设计要求与原则的包装，可从材料、结构、形式等方面入手。

2. 设计一个富有趣味性或互动性的包装。

3. 设计一个体现人文关怀的包装，如专门针对老人、儿童、病人、盲人等特殊人群的包装设计。

4. 以"包"为概念，设计一个全新的概念包装（内容不限）。要求发挥想象力，打破常规的包装形式，创意新颖，出奇制胜，使所设计的概念包装有新的功能和独特的视觉效果。

附录 A　优秀学生案例赏析

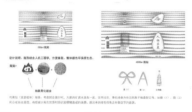

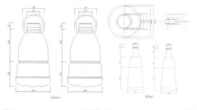

人祖山矿泉水包装设计

Mr.R 男士衬衫包装设计

好时巧克力包装设计

Butterfly 护肤品包装设计　　　　　　　Eat Me 巧克力豆包装设计

伏岭玫瑰酥包装设计　　　　　　　桃花酥包装设计

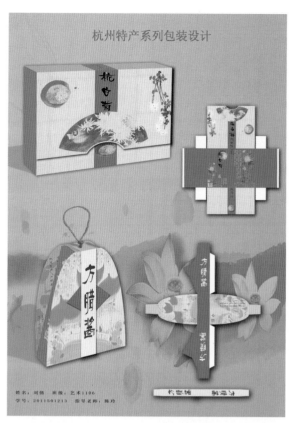

杭州特产系列包装设计

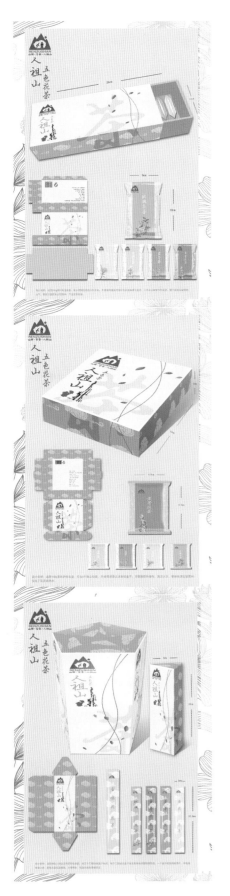

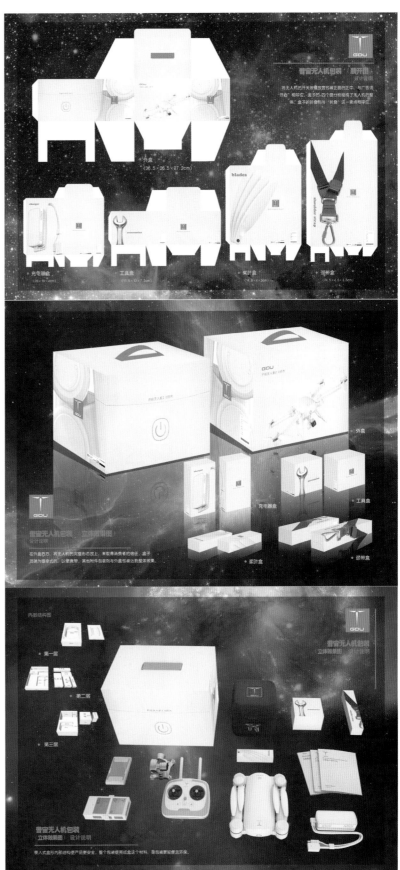

普宙无人机包装设计

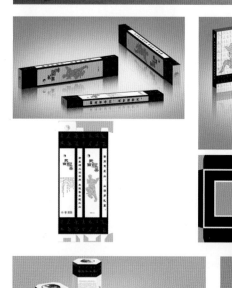

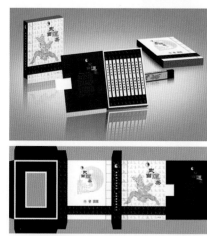

武当道茶系列包装设计

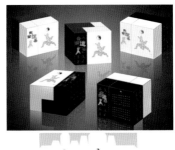
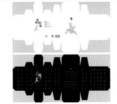

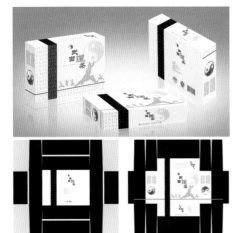

武当道茶系列包装设计

附录 B　未来 10 年包装的发展趋势

　　包装设计已进入电脑时代。传统的包装设计方法因设计速度慢、准确性差，已不能适应竞争激烈的商品经济环境。如今，一个新商品从开发到进入市场的周期越来越短，包装的结构、形式日趋多样化，有时一个商品为适应不同的地区和消费群体，需要有多种形式的包装，从创意、规格、材质到制作方法，都要有不同的要求。因此，为了及时地把握市场机遇，包装设计者须凭借先进的手段迅速设计出市场需要的商品包装。同时，包装设计者还必须了解相关的包装制作工艺、材料的选择、现代化包装制造设备（如印前工艺设备、印后处理设备等）的使用。

　　总之，未来的包装设计更多的是对现有的包装及包装图案加以取舍，并进行合理的组合，而不是像传统的包装设计那样从头构思、从零开始。借鉴和组合是未来包装设计的主流，而设计人员的欣赏能力是包装设计成败的关键。

一、包装工艺越来越简单

　　现代科技应用于包装领域，使很多包装工艺得以简化，变得更加科学、合理。包装工艺主要是指包装制作过程中的制造工艺。包装工艺的发展是依靠相关科学的发展来实现的。例如，包装的成型工艺、黏合工艺、印刷工艺、整饰工艺等都经历了一个改进、完善的过程，而包装的成型工艺包括金属包装的成型、塑料包装的成型、纸品包装的成型及其他复合材料包装的成型。其中，过去的塑料包装的挤压、热压、冲压等成型工艺已逐渐应用到纸包装的成型上；过去的纸板类包装的压凸（凹）成型较为困难，现在已基本解决；塑料发泡成型技术已广泛用于纸模包装制品的发泡成型，这使得过去不能用纸包装的商品也用上了纸包装。

　　包装印后处理工艺更加科学与适用，包装的性能和效果发生了显著的变化。例如，过去的包装表面处理中的涂蜡覆膜工艺已逐渐被表面过胶（喷胶处理）取代，这是因为涂蜡表面的光泽度欠佳，而覆膜中的单面覆膜易使包装制品产生翘曲变形；采用双面覆膜，则给后道工序的裁切带来一定的困难。

包装干燥工艺也由过去的普通热烘转向紫外光固化，这使得干燥成型更加节能、快速、可靠。

包装印刷工艺更加多样化，特别是高档商品的包装印刷，已采用了丝网印刷和凹印。还有防伪包装制作工艺，已由局部印刷与制作转向整体式大面积的印刷与制作。

包装机械的智能化程度不断提高。包装机械是我国包装工业中发展速度较快的门类，和食品机械一起，已发展成为我国机械工业的十大门类之一。

目前，包装机械的特征趋向"三高"——高速、高效、高质量，发展重点趋向能耗低、自重轻、结构紧凑、占地空间小、效率高、外观造型适应环境的环保需求和操作人员的心理需求等。

1）国外包装机械的发展趋势

国外包装机械的发展趋势体现了现代化先进包装机械的高新技术，特别是科技及经济发达的欧美及日本等国家生产的包装机械及设备，其技术伴随着科技和商品经济的发展，已处于国际领先水平。近些年来，发达国家一方面为满足现代商品包装的多样化需求，发展多品种、小批量的通用包装技术及设备；同时又紧跟高科技的发展步伐，不断应用先进技术开发和发展应用高新技术的现代化专用型包装机械。所应用到的新技术有：航天工业技术（热管类）、微电子技术、磁性技术、信息处理技术、传感技术（光电及化学）、激光技术、生物技术及新的加工工艺。新的机械部件结构（如锥形同步齿形带传动等）、光纤材料等使多种包装机械趋于智能化。

2）国内包装机械的发展趋势

国内的包装机械在引进、消化、吸收的基础上，有了一定的创新，其科技含量也在不断提高，正在向机电结合、主辅机结合、成套连线的方向发展。我国包装机械在开发过程中存在一些问题，这些问题主要是：如何面对国外企业及外资企业的竞争；如何根据中国国情，提高包装机械的"三化"水平，做到工作高速化、包装商品规格多样化，提高包装机械的可靠性；如何使食品包装机械和药品包装机械达到无菌化；如何在提高包装机械的使用性能和可靠性的前提下，使包装机械走向机电一体化、控制微机化；如何运用可靠性设计、优化设计和计算机辅助设计等先进的设计方法，研制组合式、模块式等的先进机械与部件（零件），提高包装机械的工艺水平以及"三化"水平；如何与国际质量体系相结合，大力发展与包装机械相配套的各种自动检测技术与设备。目前，我国在包装机械方面与先进发达国家相比，某些加工工艺和元器件还有差距，有些关键性的材料还达不到要求。因此，这些方面将是我国包装机械领域未来应重点突破和解决的问题。

二、包装材料不断更新

包装质量的好坏在很大程度上取决于包装材料的性能。没有好的包装材料，就不可能有好的包装。包装新材料与包装新技术是包装企业或科研院的首要追求。现在很多新商品和新工艺必须要有新的包装材料与之配套，方可达到很好的包装效果。

基于环保要求，污染环境、不利于环保的包装材料亟待更新。新型包装材料正在被开发，有的已初见成效，主要有以下几大类。

（1）以 EPS 快餐盒为代表的塑料包装将被新型的纸质类包装所取代。

由于很多地方遭受到塑料包装废弃物的危害，因此，像 EPS 快餐盒这类用量大、难以回收和处理的塑料包装已受到限制，国家已下发文件将之列为重点被替代的包装制品。以纸浆、植物纤维为材料生产的新型包装应运而生，并被国家列为重点推广项目之一。

（2）塑料袋类包装材料正朝着可溶性的无污染材料的方向发展。

很多城市相继禁止使用超薄塑料袋（包装），所以不污染环境的塑料包装材料亟待研究、开发，如复合材料中的复合塑料膜、各种表面覆膜等。一些可替代现有的塑料包装材料的新型材料的研究已取得了进展，如水溶性塑料薄膜以及可降解的其他各类塑料薄膜等已开始应用。一些国外企业正瞄准中国庞大的市场。例如，日本一些企业开始在我国寻求合作伙伴建立合资企业，生产可溶性塑料薄膜。

（3）木包装正在寻求可替代的包装材料。

由于美国等西方国家以在中国出口商品的木包装中发现"天牛"为借口，限制我国商品出口，凡是用木包装的商品必须进行复杂的特殊处理或用其他材料代替木包装。由于成本、价格等问题，即使采用重型瓦楞纸箱也难以胜任。目前，我国已在进行攻关，推荐用蜂窝纸板箱代替，但必须解决包装箱的承受重力和装卸强度的问题。

（4）其他新型辅助包装材料也亟待研究、开发。

我国很多纸箱包装耗纸量大、成本高、强度低，就是因为黏合剂、表面处理剂、油墨等辅料的质量、性能等达不到要求。在包装印刷油墨方面，国际上已流行使用环保型油墨（简称绿色油墨）。我国目前也在大力发展环保型油墨，用户用后反映很好。

三、包装加工一体化发展

很多包装新技术是建立在包装新思维之上的。包装新思维是超脱现有的包装技术与产品，将其他相关技术组合应用到包装上，从而形成新的包装技术的一种思维。包装新技术有以下几大类。

（1）包装固化技术——固化能源、干燥能源的更新，从热转向光。

（2）包装切割成型技术——新型切割与成型器械。

（3）包装与加工结合技术——包装与加工相结合。

（4）包装功能借用技术——采用独创技术，使包装功能塑料袋等聚乙烯制品超出其功能范围，使其具有增值作用。

（5）包装功能保护技术——在包装材料中加入保鲜、杀菌、防潮、防静电、防异味等功能性成分。

除上述五个方面外，还有其他一些包装新技术，如活鲜物的包装技术（对有生命的包装物进行包装）。另外，随着包装新材料的出现，包装过程中的一些技术也有了新的变化。如自枯拉伸缠绕膜的出现，使裹包、收缩、捆扎等工序合为一体，操作得以简化、快捷。

上述最有前途的包装新技术是包装加工结合技术，它解决了很多处理工艺的问题，直接借用包装机理，实现了包装加工的一体化，使包装更具潜力和有效。

四、包装产业须有行业依托

包装的产业化发展是通过技术与商品相结合，使商品在市场上的占有率增加来实现的。未来的包装产业既要有特色，也要有规模。比如利乐公司，它就是靠特色与技术称雄世界的。随着对环保的重视，包装的回收利用将促进包装的新型产业更快发展。

包装产业必须要有行业依托，以设备和技术作后盾，走集团化道路。许多由烟厂、化妆品厂、药厂、酒厂等创办或联合创办的包装企业的商品质量和经济效益都很好，就是因为有行业作依托，并且有稳定的市场。

专业化和技术创新是包装产业在竞争中立于不败之地的法宝。如专业的制罐厂、制瓶厂、制盖厂、新型包装材料厂等，就属于以技术为先导的科技型包装产业的典型代表。

参考文献
References

[1] 李薇，曹雪.产品包装与促销设计 [M].北京：中国轻工业出版社，1999.

[2] 黄合水.广告心理学 [M].上海：东方出版中心，1998.

[3] 华健心.标志设计与包装设计 [M].北京：中国纺织出版社，1998.

[4] 李莉婷.色彩设计中单纯化配色原理的运用研究 [J].装饰，2005，(12)：95-96.

[5] 万萱.包装设计与注意原理 [J].包装工程，2006，27(1)：230-232.

[6] 宋钦海.包装设计教程 [M].沈阳：辽宁美术出版社，1997.

[7] 高金康.装潢设计 [M].济南：山东美术出版社，1999.

[8] 夏征农.辞海 [M].上海：上海辞书出版社，2009.

[9] 郄建业.论包装设计中的视觉要素 [J].包装工程，2005，26(3)：174-176.

[10] 谢琪，李晓文.固定纸盒盒型分类体系探研 [J].包装工程，2006，27(2)：154-156.

[11] 刘淑琴.包装设计在企业产品竞争中的地位 [J].包装与设计，1997，(4)：12-13.

[12] 杨仁敏.包装设计 [M].重庆：西南师范大学出版社，1996.

[13] 张占甫，赵奉堂，王众.广告装潢设计百科 [M].天津：天津人民美术出版社，1997.

[14] 靳斌.包装设计 [M].杭州：中国美术学院出版社，1993.

[15] 袁维青.包装装潢设计与消费者心理 [J].实用美术，1993，(52)：30-36.

[16] 沈卓娅，刘境奇.现代包装·广告设计 [M].南昌：江西科学技术出版社，1989.

[17] 斯达福德·科里夫.世界经典设计50例：产品包装 [M].上海：上海文艺出版社，2001.

[18] 王安霞.包装形象的视觉设计 [M].南京：东南大学出版社，2006.

[19] 王安霞.包装设计 [M].南京：南京师范大学出版社，2012.

[20] 刘丽华.包装设计 [M].北京：中国青年出版社，2009.

[21] 陈光义，耿燕.包装设计 [M].北京：清华大学出版社，2009.

[22] 柯胜海，万映频，颜艳，杨丹，等.现代包装设计理论及应用研究 [M].北京：人民出版社，2008.

[23] 连放，俞佳迪，陆乐，刘怡泓.包装结构设计教程 [M].杭州：浙江人民美术出版社，2011.

[24] 苏苗，万良保，郑丽伟.包装设计 [M].北京：科学技术文献出版社，2013.

[25] 王安霞.包装设计与制作 [M].北京：中国轻工业出版社，2013.

[26] 肖虎.新概念包装设计 [M].北京：中国传媒大学出版社，2012.

[27] 欧阳超英，欧阳青蓝.包装设计实践教程 [M].北京：北京大学出版社，2014.

[28] 朱国勤，吴飞飞.包装设计 [M].3版.上海：上海人民美术出版社，2012.

推荐网站

[1] 互动百科（http://www.baike.com）

[2] 视觉中国（http://www.visualchina.com）

[3] 设计在线（http://www.dolcn.com）

[4] 前沿网（http://www.foreidea.com）